図解入門
How-nual
Visual Guide Book

よくわかる 最新

半導体プロセスの
基本と仕組み

シリコンが半導体になる製造工程を俯瞰

佐藤 淳一 著

［第4版］

秀和システム

はじめに

　本書は平成22年度に出版の"図解入門よくわかる最新半導体プロセスの基本と仕組み"の第4版になります。初版からの読者の皆様に感謝致します。

　今回の大きな改訂は第9章として「CMOSのプロセスフロー」を入れたことです。各プロセスがどのように使用されるのかを具体的に知って頂くためです。また、文や図の追加を行い、わかりやすくするとともに新しい情勢を取り込んで内容を一部書き改めました。以前に増して、皆様の役に立てれば幸いです。

　しかしながら、筆者の誤解や不理解もあるかと思いますので、ご指導頂ければ幸いです。

　本書の構成、内容も基本的に初版の考えを踏襲しております。多くの方々が半導体はどうやって作るのか、どこかの分野に参入できないかと日々お考えかもしれません。その中には手軽な入門書を求めたいと考えている方も多いと思います。本書は半導体ビジネスに関わっている方、関わりたい方、興味を持って知りたいと思われている専門外も含む社会人や学生を対象に書いたものです。

　筆者は幸いにも半導体プロセスの入門の講演を多数行った機会に恵まれ、その際、頂いた多くの質問に答える形で半導体プロセスをシリコン・シリコンウェーハから半導体ファブ、前工程、後工程まで全体を俯瞰できるようにしたものが本書です。一部に専門的な記述も含まれますが、多くは専門外の方にもわかりやすく書いたつもりです。また、半導体に関わっている方でも自分の専門外のことを知りたい方には多少役に立つものと思います。

　ところで実際の製造現場を見る機会のない方も多いと思いますので、
・煩雑な図は避け、わかりやすいイメージの図や表を揃えました
・現場に近い視点や自分の体験をもとに記述しました
・歴史的経緯にふれることで現状までの流れを理解しやすくしました
などに留意しました。

　以上、筆者が思ったことが活かされて本書が多くの方のお役に立てば望外の幸いです。

　本書の内容について、筆者は、多くの方からご教示・ご助言頂きました。また、多くの先達の著書も参考にさせていただきました。いちいち挙げられませんが、この場を借りて御礼申し上げます。

　また、秀和システムのご担当の方からは色々ご助言、ご指導いただきました。末筆ながら、深く御礼申し上げます。

令和2年8月　佐藤淳一

よくわかる
最新**半導体プロセス**の基本と仕組み [第4版]

CONTENTS

第6章 エッチングプロセス

第7章 成膜プロセス

第11章　後工程の動向

第12章　半導体プロセスの最近の動向

第 **1** 章

半導体製造プロセス全体像

この章ではシリコン半導体の製造プロセスを全体的に俯瞰する意味で、はじめに半導体プロセスの特徴を述べ、前工程のフロントエンドとバックエンドの違い、主材料であるシリコンの性質、シリコンウェーハの作り方、後工程の内容などを上流側から下流側までのフローに従って説明してゆきます。

1-1

ひとつかみで見る半導体プロセス

ここでは半導体プロセス全体をつかむためにその特徴を色々な視点から迫っていきます。それにより以下の章や項の理解に役立てていただきたいと考えます。

▶▶ 色々な半導体製品

まずは本書で扱う領域を示します。車を例にとるとレース用のF-1のレーシングカーから大型トレーラーのようなものまで用途に応じて多種多彩の車があります。半導体製品も用いる基板材料や用途により色々分類されます。図表1-1-1に半導体を材料別と製品別で分類した例を示します。材料は単元素系の材料や化合物系の材料を用いるケースが主です。シリコン半導体はもちろん単元素系であり、本書ではアモルファスや多結晶ではない単結晶のシリコン（1-5～1-7）を用いた半導体プロセスを扱います。なお、化合物系は主として製品別分類に示すオプトデバイスなどに用いられます。本書では製品別分類の先端ロジックやメモリ製品に必要な半導体プロセスに主眼を置いておりますことをここで記しておきます。なお、ここではこれらの分類についての説明は紙面の都合上、省略させて頂きます。興味のある方は他の参考書をご覧ください。

▶▶ 何故半導体ではプロセスと呼ぶのか？

半導体産業ではその製造工程をプロセスと呼びます。その理由はなぜでしょう。これといった答えはないですが、筆者なりに考えたことは加工寸法が微細（現状ではnmオーダーです。nmは10のマイナス9乗メートル）であることもさることながら、製造工程を実際に見ることができないということかと思います。例えば、テレビや自動車のようなアセンブル工程ですと目で見えるものですので、その製造工程をプロセスと呼ぶことはないでしょう。また、半導体製品は1個1個を作るものではなく一括で作り、あとで分割するという特徴（2-2）があります。以上のようなことから半導体では比較的抽象的な意味合いを持つ“プロセス”という用語が用いられている可能性はあります。

半導体プロセスには**前工程**と**後工程**があります（→1-2）。ここで前工程は主とし

てシリコンウェーハに加工を施すものなのでウェーハプロセスと呼ばれます。しかも、主な6つのプロセスを何回か色々繰り返すことから筆者は"循環型のプロセス"と呼んでいます（→1-3）。化学工業がプロセス産業と呼ばれ、化学製品が熱分解や重合、蒸留などのプロセスを経るのと似ています。かつ、大量に作って、あとでこわけにするというところも同様です。対して後工程は組み立て工程も含まれ、上流から下流に流れる"フロー型"のプロセスと筆者は呼んでいます。

　前工程は更にフロントエンドとバックエンドに分類できます（→1-4）。前者がトランジスタなどの素子を形成するのに対し、後者は配線形成が主となります。更に加工寸法が非常に小さく、数十nm（ナノメートル）レベルです。したがって、シリコンウェーハの清浄度は厳しくなり（→1-8）、更に製造装置やファブ（製造工場）にも清浄度が求められ、製造装置の価格も高額になり、ファブ建設の投資額も高額になります（→第2章）。

　以上のことを図表1-1-2にまとめてみました。この図を頭に入れながら、以下の本文を読んで頂ければと思います。

　なお、ここで触れておきますが、本書で扱う半導体プロセスはシリコンウェーハの表面（ミラー面または鏡面ともいう）にプロセスを施し、シリコンウェーハの裏面（サンドブラスト面）には施しません。

半導体の主な分類（材料および製品別）（図表1-1-1）

製品はWSTSの分類に準拠

注）WSTS: World Semiconductor Trade Staticsの略。詳細はwebsiteを参考にしてください。

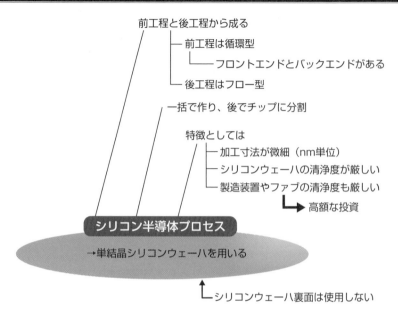

半導体プロセスの特徴（図表1-1-2）

前工程と後工程から成る
- 前工程は循環型
  - フロントエンドとバックエンドがある
- 後工程はフロー型

一括で作り、後でチップに分割

特徴としては
- 加工寸法が微細（nm単位）
- シリコンウェーハの清浄度が厳しい
- 製造装置やファブの清浄度も厳しい
  → 高額な投資

シリコン半導体プロセス

→単結晶シリコンウェーハを用いる

└ シリコンウェーハ裏面は使用しない

　ミラー面とかサンドブラスト面とか出ていきなり出てしまい、シリコンウェーハについて詳しくは知らない読者の方が戸惑わないために説明しておきます。

　シリコンウェーハは単結晶のシリコンインゴット（インゴットとは塊のこと）をワイヤソーで切り出して円盤状のウェーハの形にします（→1-6）。本書で扱うロジックやメモリのLSIは表面のみに作製しますので、その面を鏡面仕上げにします。それが図表1-9-2（a）に示すものです。まるで鏡のように映ることからミラー面と呼びます（→1-9）。一方他方の面は粗い研磨で仕上げており鏡のようには映りません。この面を仕上げの手法からサンドブラスト面と呼びます。

　チップにする際には図表1-2-1に示しますが、バックグラインド（→9-2）と呼ばれる後工程のプロセスでシリコンウェーハを薄くします。

表面と裏面　なお両面をミラー面にしたウェーハを使用する場合もある。それは主に成膜プロセスの評価に用いるFT-IR（FourierTransform Infrared Spectroscopy）と呼ばれるフーリエ変換型赤外分光分析で膜質を評価するケースである。また、パワー半導体では裏面から半導体デバイスを作製するケースもある。

1-2

前工程と後工程の違いとは？

ここからいよいよプロセスの話に入ります。シリコンウェーハの表面にLSIを作ってゆくプロセスを前工程、ウェーハ上に作ったLSIチップを切り出して、専用のパッケージに収納して出荷するまでの工程を後工程と呼びます。

▶▶ 前工程と後工程の大きな違いとは？

前工程はいわゆる "ウェーハプロセス" ともいい、シリコンウェーハ上にLSIチップを作る工程です。微細な加工や結晶の回復処理など、物理的・化学的なプロセスが主体です。対して、後工程はウェーハ上に出来上がったLSIチップを個々に切り出し、パッケージ化するという組み立て・加工技術に近いものがあります。いい方を換えれば、前者は目で見えない管理を行うことになりますが、後者はある程度目で見える管理ができるともいえます。

もうひとつの大きな違いは前工程は作業対象（ワーク；workといったりします）がシリコンウェーハの状態しかありませんが、1-12でも触れますが、後工程はシリコンウェーハであったり、チップ（後工程ではダイと呼ぶケースがあります）であったり、パッケージされたチップであったりと多様なことです。そのためか後工程の場合は、製造装置メーカが、それぞれ専業化しているケースも多くあります。

図表1-2-1に前工程と後工程の流れをイメージとして描いておきます。前工程の作業対象がシリコンウェーハのみであることから、冒頭にも記したように前工程はウェーハプロセスとも呼ばれます。

▶▶ ファブの違い

このようにプロセスに大きな違いがあるので、現在は前工程と後工程のファブは別個に作られているのが主流です。昔は半導体ファブの規模も小さかったので、前工程と後工程のファブが同じ建屋とか敷地内にあったケースもありました。しかし、月産数万枚のウェーハを投入する現在はそうはいきません。また、1-12で触れますが、前工程のファブの立地条件と後工程のファブの立地条件も違います。特に後工程のファブは海外展開したケースもあります。従って、前工程と後工程のファ

第1章 半導体製造プロセス全体像

ブはそれぞれ別に存在しているのが一般的です。加えて、前工程ファブから後工程ファブへの搬送ですが、半導体の製品ウェーハは荷姿も小さく（後で出てきますが、現在主流のものは直径300mmです。一昔前のアナログLPレコードと同じです）運搬コストも比較的低いこともそれぞれのファブが別々に存在する要因なのかも知れません。従って半導体の工場は臨海工業地帯にあるというより高速道路のインターチェンジやそこからアクセスできる空港などの近くにあるケースが多いと思います。

　余談が重なり恐縮ですが、筆者の若い頃は後工程のラインも同じファブの中にありました。第9章で説明するワイヤボンディングなどは手先の器用な女性の方が、沢山並んでひとつひとつワイヤ付け作業していました。筆者自身もテスト品を自分でワイヤボンディングしたことがありますが、マニュアルですので、力の入れ加減やワイヤの伸ばし方などで苦心した覚えがあります。現在ではもちろん自動化されています。

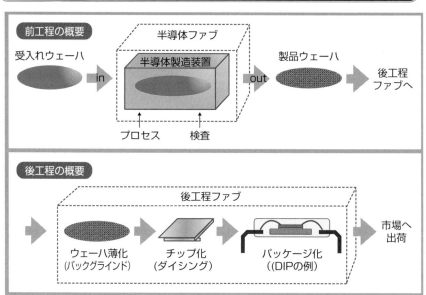

前工程と後工程の違い（図表1-2-1）

注）前工程ファブと後工程ファブは分離していることが多い。製品ウェーハの荷姿が小さく、運搬の負荷が小さいという半導体産業の特徴を生かしている面がある。

1-3

循環型の前工程半導体プロセス

シリコンウェーハ上にLSIを作ってゆくプロセスは、部品を組み立てたり、デバイスを実装してゆくアセンブル産業とは違い、同じプロセスを何度も通る "循環型プロセス" と呼べるものです。

▶▶ 循環型のプロセスとは？

"循環型 "とは" フロー型 "に対して筆者が名付けているもので、アセンブル工程のようにベルトコンベア式に部品を加えて組み立てながら、製品が流れてゆくという方式ではなく、いくつかの同じ工程を何度も繰り返して製品ができてゆく方式であるという意味です。

前工程は基本的に大きく分類して、①洗浄、②イオン注入・熱処理、③リソグラフィ、④エッチング、⑤成膜、⑥平坦化（**CMP** ＊）の６つのプロセスの組合せでできています。図表1-3-1にそのことを模式的に比較して示しておきます。矢印が色々あるのはそれらのプロセスを通過する色々なルートがあるということです。

▶▶ 基本的には何種類かの組合せ

前述のように前工程は基本的に洗浄、イオン注入・熱処理、リソグラフィ、エッチング、成膜、平坦化の６つの**プロセスの組合せ**でできています。ただし、色々な組み合わせのパターンがあって、それらを何度も循環して前工程が集積化されているという意味です。例えば、アルミニウムの配線工程では図表1-3-2に示すように（前）洗浄➡アルミニウムの成膜➡リソグラフィ➡エッチング➡（後）洗浄という具合です。この場合はイオン注入・熱処理や平坦化（色を変えてあります）は使用しません。このようにあるひとつの工程（単工程）では使用するプロセスもあれば、使用しないプロセスもあるということです。この単工程がいくつもあり、それが集積されて前工程になっています。その意味で同じプロセスを何度も通過することから、ここでは循環型のプロセスといっています。このような循環型の前工程のラインではベイ方式というクリーンルーム内での製造装置にレイアウトが通常用いられます。これについては2-5で説明します。

＊ **CMP**　Chemical Mechanical Polishing の略。最近は Polishing ではなく、平坦化の意味での Planarization と充てる場面もある。

"循環型"の前工程プロセスフロー（図表1-3-1）

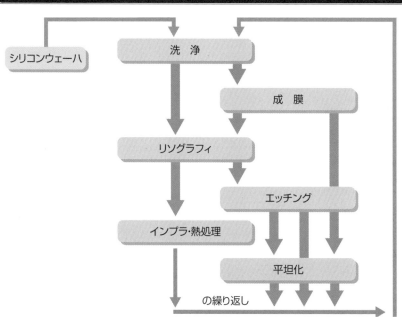

アルミニウムの配線工程の例（図表1-3-2）

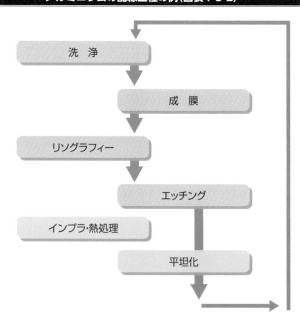

1-4

フロントエンドとバックエンド

前工程はフロントエンドとバックエンドに分かれています。フロントエンドはトランジスタ形成まで、バックエンドはそれ以降の多層配線工程をいいます。

▶▶ 何ゆえフロントエンドとバックエンドか？

　特に先端**CMOS** *ロジックLSIに対して、この分け方が一般的です。もちろん、メモリなどでもいう場合があります。**フロントエンド**は主としてトランジスタ形成まで、**バックエンド**はそれ以降の配線工程をいいます。特に先端CMOSロジックLSIの配線工程は同じプロセスの繰り返しといっても過言ではありません。後でも触れますが、先端ロジックの場合は工程の7割ほどがバックエンドといわれています。

　文字どおり、前工程の前半がフロントエンド、後半がバックエンドとなっているわけですが、これは先端ロジックを中心に、配線層の数が増え、多層配線プロセスの比重が多くなったこと、**ASIC** *を中心にカスタマーの仕様に合わせて、最後に配線層を形成して、カスタムLSIを出荷するという手法が用いられるようになったからだと考えられます。フロントエンドであるトランジスタまわりのプロセスはシリコンウェーハの中にプロセスを施し、バックエンドである多層配線プロセスはシリコンウェーハの上に配線構造を作ってゆくというプロセスになります。建物にたとえれば、フロントエンドは基礎工事、バックエンドは家屋を重ねてゆくことといえます。ある意味、前者は色々なプロセスが出てきて複雑であり、後者は見た目は複雑ではあっても、同じような繰り返しが続くプロセスといえます。図表1-4-1に先端ロジックLSIを例にして、フロントエンドとバックエンドの区別を示しました。なお、図中に初めて見る用語もあると思いますが、章が進むにつれて述べてゆきますし、第9章ではCMOSロジックプロセスのフローの概略に触れますので、そのとき理解を深めていただければと思います。

　蛇足ですが、我々日本人はジ・エンド（the　end）のように"終わり"とか"端"のイメージをエンドに対して浮かべますが、この場合はむしろ"〜側"のイメージです。スポーツ中継で「エンドが変わって」という用い方をします。

＊**CMOS**　Complementary Metal Oxide Semiconductorの略。P78の脚注参照。
＊**ASIC**　Application Specific Integrated Circuitの略でエーシックと発音される。特定用途向けのICのことで、複数の回路を組み合わせて作る。

▶▶ 温度の負荷の違い

　フロントエンドとバックエンドではプロセスの温度が異なってきます。第4章で
触れますが、フロントエンドではトランジスタを作る際にn型やp型の拡散層を形
成する必要があり、その熱処理で1000℃近い温度に上げるため、それなりの高温
に耐えられる材料が用いられます。しかし、バックエンドでは配線に用いられる材
料、例えば、Alなどは500℃くらいまでの耐熱性しかありません。従って、バック

先端ロジックで見るフロントエンドとバックエンド（図表1-4-1）

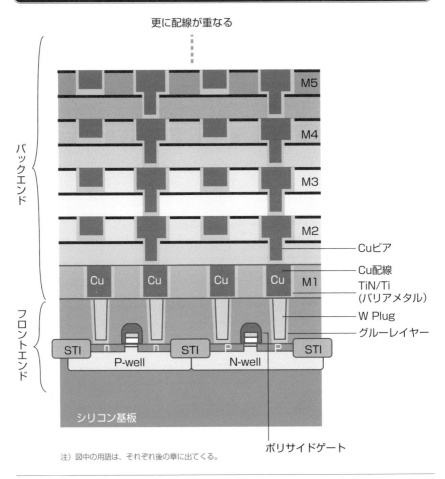

更に配線が重なる

注）図中の用語は、それぞれ後の章に出てくる。

エンドの場合はせいぜい、400〜450℃までのプロセス温度に制限されます。このことは4-7でも触れます。したがって、高温の熱処理を行うイオン注入・熱処理プロセスはフロントエンドでしか用いられません。

　1-2から1-4まで述べてきたこと、前工程と後工程の違いやプロセスフローとしての特徴、前工程は更にフロントエンド*とバックエンドに分けられ、それぞれの違いなどを図表1-4-2にまとめておきます。

　この表を頭に入れて置かれて以下、本書を読み進めていかれると理解の助けになると思います。このうち、クリーン度に関することは1-8や1-12などで詳しく触れます。温度に関することは4-7や第7章および第10章で触れてゆきます。

前工程と後工程の比較(図表1-4-2)

区分		温度	クリーン度
前工程	フロントエンド（トランジスタ形成プロセス）	比較的高い温度（〜1000℃）のプロセスもある。	厳しい（クラス1）
	バックエンド（多層配線形成プロセス）	約500℃以下	
後工程		加熱する工程は少ない	緩い

　以前はフロントエンドとかバックエンドという分類はありませんでした。筆者の記憶では20世紀末くらいからこの種の分類が始まったようです。メモリデバイスですと基本的にはワード線とビット線のマトリクス構造（→2-2）になり、配線は2層構造が基本になりますが、ロジックデバイスの進歩により前述のように多層配線が用いられるようになったため、トランジスタ形成プロセスと配線形成プロセスとを分けた方が良いと考えたためと思われます。

---

*フロントエンドとバックエンド　　初期にはフロントエンドをFEOL（Front End Of Line）、バックエンドをBEOL（Back End OfLine）と呼んでいた。今は現状のような呼び方が主流になっている。

1-5

シリコンウェーハとは？

アイスクリームのトップに付いている薄い四角のビスケット状のものをウェーハと呼んでいます。シリコン半導体ではシリコン単結晶の薄い板をウェーハ*と呼びます。シリコン半導体では円形*です。

▶▶ 何ゆえシリコンか？

円盤状の**シリコンウェーハ**とアイスクリームのウェーハを対比させて、図表1-5-1に示してみました。この言葉は "薄くて平たいもの" というイメージだと思います。現在は半導体の材料としてシリコンが一般的ですが、初期段階からシリコンだったわけではありません。当初はゲルマニウムというシリコンと同じ仲間の元素が使用されていました。なぜ、シリコンに替わったのかを簡単にいえば、シリコンは地表中に非常に多く存在する元素（**クラーク数***という指標があります）であり、その熱酸化膜が安定しているということです。詳しくは7-4で触れます。また、シリコンはどんな元素かについては1-7で触れます。

▶▶ 半導体の性質とは

電気を流しやすい性質のものを導電体、逆に電気を流さない性質のものを絶縁体といいます。**半導体**とは読んで字のごとく、ちょうどその中間の性質を示すものといえます。あるときは電気を流し、あるときは電気を流さないともいえます。この性質がトランジスタの性能を決める役割をします。1-7で述べますが、一般にシリコン自体は真性半導体であり、そのままでは電気が流れません。そこで意図的に不純物を添加して電気を流す性質にします。この方法は第4章で述べますが、不純物拡散といったり、ドーピングといったりします。図表1-5-2にそれを示してみました。

話は変わりますが、半導体用シリコンウェーハ*の生産量は、わが国のメーカが世界のシェアの6割ほどを占めており、技術的にも市場的にも非常に強い分野といえます。ついでながら、記しておきますと一時は色々な業界からシリコンウェーハに

---

*ウェーハ　　スライスなどと呼ぶケースもある。ハムをスライスするなどという場合と同じ語源。このように半導体産業は米国で始まったので英語の呼称が多い。この本では表記をウェーハとする。

*円形　　　　シリコン半導体で使用されるものは円形。結晶系の太陽電池では四角形や四角形の頂点を切り落とした形状が用いられる場合がある。

*クラーク数　地表に存在する元素の割合の指標であり、シリコンは酸素に次いで2番目に多いといわれている。

参入したメーカが多かったのですが、今ではほとんど撤退し、数社が活動している
だけです。また、当初は半導体メーカがウェーハを内製していた時代もありました。

ウェーハの模式図とアイスクリームのウェーハ（図表1-5-1）

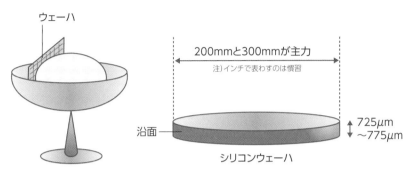

ウェーハ

200mmと300mmが主力
注）インチで表わすのは慣習

沿面

シリコンウェーハ

↕ 725μm
〜775μm

注）ウェーハの沿面については5-6の脚注を参照のこと。

半導体の性質（図表1-5-2）

抵抗率（Ω・cm）

10^{-3} 　　 10^0 　　 10^{10}

導電体（金属）　←　半導体の目安　→　絶縁体

電気抵抗…22桁分可変：　これだけコントロールできる物性はさほどない
　　　　　　　　　　　　といわれている。

別の元素を入れて、電気の流れを自由にコントロールする。
➡シリコンに意図的に不純物を入れて、電気の運び手となるキャリアを作る。

入れた不純物により　　➡　n型（負電荷（電子）がキャリア）
　　　　　　　　　　　　　　p型（正電荷（正孔）がキャリア）

注）n型、p型については1-7で触れます。

---

*半導体用シリコンウェーハ　　紙面の都合上、ここでは触れられませんので、シリコンウェーハメーカなどについては拙著
の「図解入門よくわかるパワー半導体の基本と仕組み　材料・プロセス編」の第2章に記
しておきました。

シリコンウェーハは
どのように作られるか？

シリコンウェーハの作製法は、主にチョクラルスキー法＊とフローティングゾーン法があります。このうち、後者はパワー半導体用が主です。ここでは前者の説明をします。

▶▶ 原料である多結晶シリコンの純度がイレブン・ナイン

半導体の材料としてシリコンが一般的ですが、始めからシリコンだったわけではありません。当初はゲルマニウムというシリコンと同じ仲間の元素が使用されていました。しかし、前節でも説明しましたようにシリコンの方が性質は優れているので、シリコンが使用されています。シリコンは地表に多く存在すると述べましたが、シリコンという形ではなく、珪石というシリコンの酸化物の形で存在します。その珪石を還元してシリコンの**多結晶**にすることから、スタートします。このシリコンの多結晶を**イレブン・ナイン**といわれる（99.999999999％と9が11桁並ぶことからそういわれます）純度の高いものにします。図表1-6-1にシリコン多結晶の作製のフローを模式的に示します。一度、ガス状にして純度を上げるのがミソです。

▶▶ ゆっくり引き上げるシリコン結晶

前節にも記しましたが、シリコン半導体の初期は半導体メーカ自身がシリコン結晶を内製していた時代があります。それぞれ自社の半導体デバイスに合ったウェーハを開発していたためです。しかし、シリコンウェーハの口径も大きくなり、自社で内製するメリットも薄れてきて、今ではほとんど専業のシリコンウェーハメーカから購入しています。

シリコン単結晶の作り方を説明します。上述のように**チョクラルスキー法**と**フローティングゾーン法**＊がありますが、LSIに使用されるウェーハはほとんど前者の方法で作製されます。それに対して、フローティングゾーン法はパワー半導体用のウェーハに用いられます。その理由のひとつは前者がウェーハの大口径化が必須で、後者はそのニーズが少ないからです。チョクラルスキー法でのウェーハは図表1-6-2に示しますように石英坩堝の中で多結晶シリコンを溶融し、結晶方位が揃っ

＊**チョクラルスキー**　Czochralski。人の名前。ポーランドで1917年にこの方法を開発した。シリコンウェーハ用に考えたわけではなく、合金結晶の成長のメカニズムを考案する際に思い付いたといわれている。

た種結晶にシリコン結晶を成長させる形でゆっくり引き上げながら行います。その
ため、**引き上げ法**とも呼ばれます。専門的な話になりますが液相と固相の界面で結
晶が成長します。また、不純物はシリコンを溶融する際に必要なだけ添加します。引
き上げたシリコンのインゴットをワイヤーソーといわれる専用ののこぎりで切り出
してウェーハとします。この後、表面を鏡面（ミラー）研磨します。

　"結晶方位" という用語はシリコンの原子の並び方が結晶内でどう並んでいるかを
示すものです。今のLSIでは殆ど（100）のものです。

第1章　半導体製造プロセス全体像

多結晶シリコンの作り方の模式図（図表1-6-1）

炭素還元　　　　流動層反応　　　　水素還元

珪石(SiO₂)　　　金属シリコン　　トリクロロシランガス　　多結晶シリコンロッド

注) Siemens法と言われる方法

シリコンウェーハの作り方の模式図（図表1-6-2）

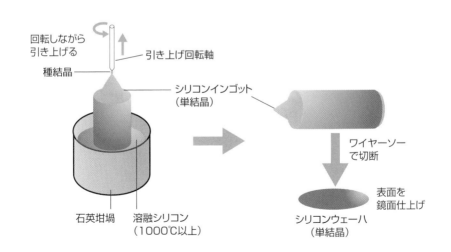

回転しながら
引き上げる
引き上げ回転軸
種結晶
シリコンインゴット
（単結晶）
ワイヤーソー
で切断
石英坩堝　溶融シリコン
（1000℃以上）
表面を
鏡面仕上げ
シリコンウェーハ
（単結晶）

＊**フローティングゾーン**　フローティングゾーン法については前々頁の脚注に挙げた拙著(第2章)で触れているので、興味
　のある方は参考まで。この方法は固相内で結晶が成長する。

1-7

シリコンの性質とは？

　1-5で少し触れたようにシリコンは元素の周期律表からいえば、炭素やゲルマニウムの仲間です。短周期律表では、Ⅳ族の元素です。最外殻の電子が4個の元素で、安定な共有結合*を有します。

▶▶ シリコンの仲間とは？

　シリコンはどんな元素の仲間なのでしょうか？　図表1-7-1に短周期律表を示します。図でもわかるようにシリコンは炭素やゲルマニウムなどと同じ、Ⅳ族の元素です。これらの元素は図表1-7-2に示すように最外殻電子（いちばん外側の軌道の電子）が4個であり、強い**共有結合**を他の原子と作ります。その例として、シリコン原子どうしで単結晶を作りますし、同じⅣ族の炭素やゲルマニウムとSiC（炭化珪素、シリコンカーバイド）やSiGe（シリコンゲルマニウム）のような安定な半導体の**単結晶**を作ります。

　シリコンそのものは**真性半導体***で電気を流す効果が非常に少ないものです。それを電気が流れやすくするのが不純物の役割です。図表1-7-1に記していますが、n型の不純物となる元素はシリコンより最外殻電子がひとつ多いⅤ族の元素、p型の不純物になるのは、シリコンより最外殻電子がひとつ少ないⅢ族の元素がその役目を担っています。これらの元素をシリコン結晶に入れることでそれぞれ、n型シリコン半導体、p型シリコン半導体となります。不純物領域の作り方は第4章で説明します。

▶▶ シリコンの特徴

　シリコンは炭素やゲルマニウムに比べてどのような特徴があるのでしょうか？まず、ゲルマニウムや炭素について述べます。前述のように、初めはゲルマニウムが半導体材料として使用されました。しかし、ゲルマニウムはシリコンに比べて**バンドギャップ***が小さく、更に熱酸化膜がシリコンに比較して不安定なために、その後使用されなくなりました。最近、電子の移動度をあげるため、シリコン結晶に歪を入れる目的でSiGeの層を作る技術が注目されているようになり、再び登場し始めました。

***共有結合**　最外殻の電子を共有しあって作る結合のこと。
***真性半導体**　意図的に不純物を添加していない状態の半導体。

炭素はダイヤモンド、グラファイト、カーボンナノチューブ（Carbon Nano Tube）などの構造をとります。余談ですが、このうち、カーボンナノチューブをLSIのチャンネル部や配線に使用するという研究があります。遠い将来半導体は、Ⅳ族元素の時代になるかも知れません。

一方、シリコンは単結晶、多結晶、非晶質（アモルファス）などの状態を作ることができ、それぞれの特徴を生かしたデバイスが実現されています。前述の言い換えになりますが、シリコンの熱酸化膜は安定で、かつ、バンドギャップもゲルマニウムより大きく、デバイスとしての安定性にメリットがあります。これが、シリコンが多用されている理由のひとつです。

シリコンと周期律表（図表1-7-1）

Ⅰ	Ⅱ	Ⅲ	Ⅳ	Ⅴ	Ⅵ	Ⅶ	Ⅷ
H							He
Li	Be	B	C	N	O	F	Ne
Na	Mg	Al	Si	P	S	Cl	Ar
K	Ca	Ga	Ge	As	Se	Br	Kr

　　　　　　　　　　　　↑　　　　　　　　↑
　　　　　　　　　p型の不純物　　　n型の不純物

シリコンと炭素の比較（図表1-7-2）

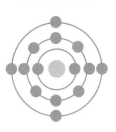

(a) 炭素

電子
原子核

最外殻の電子の
数が同じ

(b) シリコン

Si

共有結合の
手を四本持つ

＊バンドギャップ　難しい内容になるが、固体物理学でいう禁制帯のこと。この値が大きいほど、熱などに対して電気的性質が安定になる。

1-8

シリコンウェーハに求められる清浄度

　シリコンウェーハの上にいわゆるLSIを作ってゆくわけですが、現在のLSIの最小パターンは20nm以下のレベルといわれています。歩留まりを左右するのはウェーハ上の微小な粒子（以下パーティクルと表記）を低減することが肝要です。

▶▶ シリコンウェーハとパーティクル

　シリコンウェーハ上の**パーティクル**は直接**歩留まり***低下の原因になります。なぜなら、例えば、LSIの配線を想定してください。これらの寸法は先端のLSIでは20nm前後といわれています。シリコンウェーハの表面にパーティクルが存在すると配線形成の際、パターンが断線したり、形状不良を起こすことが予想されます。従って、パーティクルに非常に敏感なのが半導体プロセスといえます。そのためにクリーンルームという気中パーティクルを非常に少なくした部屋でプロセスが行われます。その概要を図表1-8-1に示します。別名、無塵室ともいいますが、それは図に示すようにエア（空気）を何回もリターンさせ、フィルターなどで気中パーティクルを非常に少なくしたという意味です。従って、半導体ファブの**クリーンルーム**内やプロセス装置内のパーティクルは常に専用の**パーティクル測定装置**でモニタリングされています。気中のパーティクル測定装置とウェーハ表面のパーティクル測定装置は測定原理が異なりますので、もちろん別々に用意する必要があります。

　更に、クリーンルームに入る際にはエアシャワーを浴びて、クリーン服に付いたパーティクルを除去します。また、人体も発塵源になりますので、半導体メーカによっては化粧を落としたり、クリーン服に着替える前にシャワーを浴びるルールを設けてあるケースもあります。

▶▶ その他の汚染

　半導体デバイスは微小な電気の流れを用いるために、パーティクルだけでなく、色々な**汚染**（英語でコンタミネーションなので、現場では"コンタミ"などという場

＊**歩留まり**　　　良品率のこと。
＊**アルカリイオン**　ナトリウムやカリウムのイオンなど。
＊**金属汚染**　　　金属によってもシリコンに与える影響の度合いが異なる。

合があります）を嫌います。特に**アルカリイオン***や**金属汚染***が問題になります。な
ぜなら、これらは半導体デバイスに電気を流す際に余分な電気を流してしまうこと
があるからです。また、有機汚染なども次のプロセスに与える影響が大きいため、そ
の低減に努めなければなりません。そのひとつの例を図表1-8-2に表してみました。

しかし、初期のウェーハ表面のパーティクルや汚染のみをコントロールすればい
いわけではありません。シリコンウェーハを用いてLSIを作る過程でも色々な汚染
が付着してしまいます。特に気を付けなければならないのはプロセス装置内で付く
パーティクルや汚染です。このために洗浄が必要なことは第3章で説明します。ま
た、半導体ファブ内での使用方法の例は1-9で触れます。

クリーンルームの模式図(図表1-8-1)

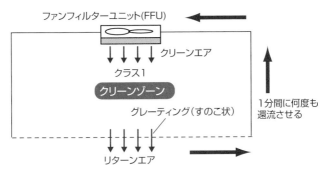

ファンフィルターユニット(FFU)

クリーンエア

クラス1

クリーンゾーン

グレーティング(すのこ状)

1分間に何度も
還流させる

リターンエア

注)クラス1とはクリーン度*を表す指数で、1立方フィート中に1個のパーティクル(0.5μm以上)が存在するレベル。
1フィートは約30cm

ウエーハ表面に求められる清浄度(図表1-8-2)

- 表面パーティクル ： 0.06～0.05ヶ/cm²@0.1μm
- 表面ラフネス ： 0.08nm
- 金属汚染 ： $<2.1\times10^9$atoms/cm²
 (Critical Surface MetalとしてCa,Co,Cr,Cu,Fe,K,Mo,Mn, Na,
 Niを定めている)
- 有機汚染 ： $<2.8\times10^{13}$C atoms/cm²
- 可動イオン ： $<4.4\times10^{10}$atoms/cm² など

注)FEOLでのITRSの65nmノードの要求値 良品率＝99％を想定
ITRS資料などを参考に作成

***クリーン度** ここでは慣例上、従来使用されているUS規格の数値を示した。他にもJIS規格、ISO規格がある。

半導体ファブでの使用法

シリコンウェーハは半導体デバイスを作るだけに使用されるわけではありません。色々な用法が半導体ファブ（工場）の中ではあります。また、ファブでウェーハを流している間に汚染されないようにする工夫も必要です。ここではそれを説明します。

▶▶ シリコンウェーハの実際

まず、図表1-9-1をご覧ください。ここには前工程を施す前のシリコンウェーハと前工程を施したシリコンウェーハを示します。前工程を施す前の受け入れウェーハを"ベアウェーハ"と呼ぶことがありますので、図ではベアウェーハの表記をしておきます。一方、前工程を施しますと半導体デバイスのパターンが生じますので、"パターン付きウェーハ"や"製品ウェーハ"などと現場で呼ぶ場合があります。ここではパターンが有りおよび無しを比較する意味で前者の呼称を図には採用しました。

前工程の半導体ファブではベアウェーハを受け入れて、製品ウェーハを作製してゆきます。前工程半導体ファブではこのようなベアウェーハと製品ウェーハしかない思われがちですが、そうではありません。

1-1から1-4までの説明では述べられなかった前工程半導体プロセスの特徴というべき点を以下に述べてゆきます。

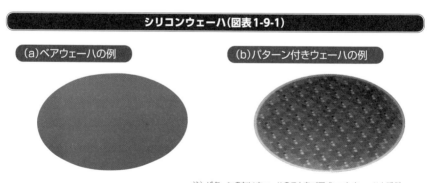

シリコンウェーハ（図表1-9-1）

（a）ベアウェーハの例　　　　（b）パターン付きウェーハの例

注）パターンのないウェーハのことをベア（bare）ウェーハと呼ぶ。

製品を作るだけでないシリコンウェーハの使い方

　投入した材料は、ほとんどが製品に使用されるのが製造の一般的な状況ですが、半導体の場合は必ずしもそうではありません。例えば、月産1万枚と称する生産ラインがあったとすれば、ラインを流れているウェーハの枚数は1万枚（実際には連続的に月産1万枚ですから1万枚以上流れているのは確かですが）程度かというと、そうではなく、それ以上、場合によっては数倍くらいのウェーハを使っていることになります。1-2で説明したように特に前工程では目で見えるプロセスではないので、常にモニターのウェーハやテスト用のウェーハを流しているからです。図表1-9-2にこれから述べるものも含め主な使用法を示しました。

　テスト品用ウェーハはフルプロセスを流さず、問題になる（なっている）工程のみを流すケースもあります。もちろん図表1-9-2に記したように製品を流す前にプロセスの問題点を洗い出すために、先行して流すケースもあります。

　モニター用のウェーハは表に記したとおり、日常のプロセスの結果を定期的にモニターし、問題があればプロセス条件（最近はレシピと呼びます）にフィードバックをかけます。もちろん、1-8で述べたように装置内のパーティクルチェックを定期的に行う場合にも使います。

　搬送チェック用ウェーハは装置が、ウェーハの**ロード・アンロード** * で搬送トラブルを起こした場合に用います。ダミーウェーハは、バッチ式プロセス装置で常に

シリコンウェーハの色々な使い方の例（図表1-9-2）

①**製品用ウェーハ** ………… 本番のウェーハ。実際の製品になる
②**テスト品用ウェーハ** …… 先行で流すウェーハなどのテスト用
③**モニタ用ウェーハ** ……… プロセスチェックやパーティクルチェックに使用
④**搬送チェックウェーハ** …… プロセス装置のウェーハ搬送チェックなどに使用
⑤**ダミーウェーハ** ………… バッチ式プロセス装置でウェーハフル搭載と同じ状態を作るために使用

などに用いられる

ウェーハをフル搭載したのと同じ状態を作るため、装置周辺に常備して用います。もちろんこれらのウェーハもクリーン度は製品レベルと同じものです。ただ、抵抗値や結晶方位は規格外れのものを使用するケースもあります。たとえていうとB級品やアウトレット品で済むところは、それで済ますといったところでしょうか？

▶▶ ライン内での相互汚染の防止

　1-8で述べましたようにシリコンウェーハは汚染を嫌います。しかし、ライン内で汚染される場合があります。汚染されたウェーハから汚染が移されたり、汚染された**キャリア***や製造装置で汚染される例などがあります。ひところ、院内感染という言葉がはやりましたが、それと似ています。その対策として、図表1-9-3に示すようにメタルを成膜したウェーハを入れるキャリアとそれ以外のウェーハを入れるキャリアを区別して使用することが慣用になっている例があります。ファブによって、色々な分け方があるかと思いますが、プロセスに入る前のウェーハ、リソグラフィ工程前のウェーハ、リソグラフィ工程後（レジストは有機汚染の要因）を通ったウェーハ、メタル成膜前のウェーハ、メタル成膜後（メタル汚染の要因）のウェーハなどと区別して保管するなど気を付けています。メタルもアルミニウム、タングステン、銅などで区分する場合もあります。

ウェーハキャリアの使い分け（図表1-9-3）

注）ウェーハキャリアを入れるウェーハ（a）の経緯によって使い分けする。上の例のようにメタル成膜前のウェーハをメタル成膜後のウェーハキャリアに入れることはない（b）。また、（c）のようにウェーハの状態で使い分ける。これは一例でファブやラインのよって色々な分類がある。

---

*ロード・アンロード　プロセス装置へウェーハを入れることをロード（load）、逆にプロセス装置からウェーハを出すことをアンロード（unload）という。

*キャリア　ライン内でウェーハを保管・搬送のために収納するもの。ウェーハキャリアともいう。また、カセットと呼ぶ場合がある。特にウェーハ口径が小さい時代はカセットと呼ぶケースが多かった。本書では（ウェーハ）キャリアと呼ぶ。

1-10

シリコンウェーハの大口径化

シリコンウェーハは当初は1.5インチで実用化されました。今は最先端のファブでは300mmウェーハが使用されています。その背景に触れます。

▶▶ 何ゆえ大口径化か？

シリコン半導体はいわゆる "ムーアの法則" により、加工寸法の微細化を進め、LSI*のチップサイズの縮小を図ることでコストダウンを進めてきました。ムーアの法則については2-1を参考にしてください。チップサイズの縮小は1枚のウェーハから取れるチップ数の増大を意味します。1枚のウェーハから数多くのチップが取れることはチップあたりの製造コストを低減できることを意味します。そのため、1.5インチに始まった*シリコンウェーハの口径はどんどん大口径化が進んできました。その流れを図表1-10-1に示しておきます。大雑把にいえば、10年に1回くらいの割合で口径が大きくなっています。

体験したことで述べると、筆者が初めて仕事をした半導体のラインは3インチ（約75mmの直径）のウェーハを用いていました。ウェーハのキャリア*は25枚入りですと、ウェーハの径が25枚のウェーハを入れるスペースよりも小さいため、ウェーハ面に垂直な方向が長い直方体のような形状でした。それが、125mmのウェーハに切り換えた時、ウェーハの径が大きくなり、25枚ウェーハを入れるスペースと同じ位になり、キャリアが立方体のようになったことを "驚き" として記憶しています。

200mm➡300mmは1.5倍の変化ですが、3inch➡125mmは約1.7倍ですから、今から振り返ると思い切った変更です。半導体製造装置も125mm用に改造できるものは改造しましたが、実際のプロセスで使えるようにするまで苦労したことは今では懐かしい思い出です。

ウェーハの大口径が進むにつれて、半導体メーカでも行っていたウェーハの内製化はすたれて、専業メーカがウェーハの生産を行ってゆくことになりました。

---

*LSI　　　　　　　　Large-Scaled Integrated Circuitの略。大規模集積回路と訳される。半導体素子数で1000個以上を有するレベル。以前はVLSIとかULSIなどの区別がなされていたが、今は半導体素子数がものすごい数なので意味がなくなった。

*…1.5インチに始まった　ウェーハ径の表し方は、4インチまではインチで表わしていた。1インチは約25.4mm。5インチに相当する分からはmm単位になり、125mm、150mm、200mm、300mmとなっている。慣習的に200mmを8インチ、300mmを12インチなどと呼ぶ場合もある。

▶▶ 200mmから300mm化

　200mmから300mmの変換は半径が1.5倍、面積は2.25倍で考えられました。これは半導体業界全体で歩調を合わせ進められました。

　量産での**300mm化**が実現するかは半導体メーカだけでなく、シリコンウェーハメーカ、搬送系装置・器具メーカ、製造装置メーカ、検査・解析装置メーカなど半導体産業にかかわるほとんどの企業を巻き込んだ活動が必要になります。300mm化の際は、我が国でも業界団体（J-300など）、セリートなどの共同研究会社が活動の中心になりました。450mm化を推進するには、まずはそれらのインフラ作りが必要と思われます。特に規格の標準化が、いちばん重要になります。300mm化の際は国際的にはSEMIが、国内ではJ-300が主体となって活動しました。例えば、FOUPやカセット内でのウェーハのピッチなどを決めた経緯がありました。300mmの次の450mm化の現状は12-6で触れます。

シリコンウェーハ径の変遷（図表1-10-1）

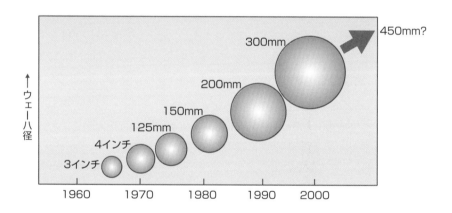

1-11

製品化につながる後工程

　後工程はシリコンウェーハからLSIをチップに切り出し、それをパッケージに収納し、出荷検査をする工程までをいいます。

▶▶ パッケージはなぜ黒い色をしているのか？

　LSIはシリコンウェーハから切り出しただけでは製品としては成り立ちません。LSIの材料はシリコンや配線材料をはじめとして、酸化されやすいなど、そのままの状態では、信頼性が確保できません。また、LSIをICボードなどと電気的に接続するための端子などが必要です。そのため、LSIチップを、端子のあるボードに接続し、かつ信頼性を確保するために**パッケージ**に収納します。半導体製品はパッケージに納められ、会社名や製品名、ロット名などが刻印され出荷されます。つまり、半導体製品はパッケージされた外形で商品となっています。一般的にパッケージは黒い色をしていますが、それは**エポキシ樹脂**にカーボンの粉を入れているからです。半導体チップそのものに光が照射されると誤動作の原因＊になるからです。図表1-11-1に一般的なパッケージの外形を示しておきます。

▶▶ パッケージの動向

　LSIの微細化同様、パッケージにも微細化・高集積化に伴う傾向があります。とりわけ、高集積化に伴い端子（ピン）の数も増え、どれだけピン数を増やし、かつピンのピッチを小さくできるかが鍵になっています。図表1-11-2に実装技術も含めた形でパッケージの動向を示します。LSI（その頃はIC＊という呼び名が一般的でした）が普及し始めた頃は**挿入実装型**といわれる分類に入る**DIP**＊が主流でした。パッケージの両側にたくさん付いたリード端子が足のように見えたので、百足（むかで）とか呼ばれたものです。挿入実装型はピン挿入型と呼ぶこともあります。端子のことを、前記のようにピンと呼ぶこともあるためです。その後、**表面実装型**が主流になり、色々な形が出てきました。それらは詳しくは第11章で述べます。

＊**誤動作の原因**　シリコンが光を吸収すると電子と正孔という電荷を運ぶキャリアを生成する。これが誤動作の原因になる。そのため、ウェーハ状態で電気的な測定をする場合はウェーハを暗箱のようなものに入れて測定する。

＊**DIP**　Dual Inline Packageの略。

一般的なパッケージの外形(図表1-11-1)

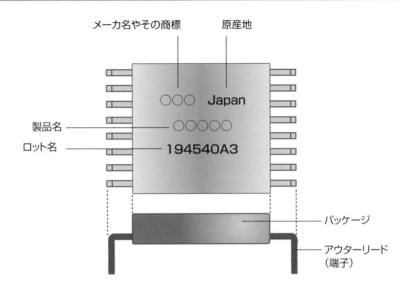

メーカ名やその商標
原産地
製品名
ロット名
○○○ Japan
○○○○○
194540A3
パッケージ
アウターリード
(端子)

パッケージの動向(図表1-11-2)

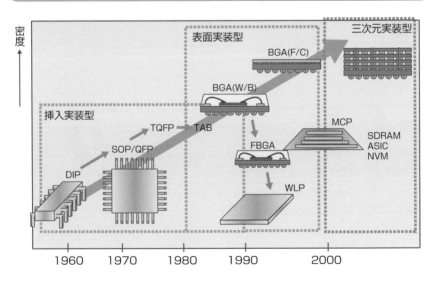

密度

表面実装型
三次元実装型
BGA(F/C)
BGA(W/B)
挿入実装型
TQFP TAB
MCP
SOP/QFP
FBGA
SDRAM
ASIC
NVM
DIP
WLP

1960 1970 1980 1990 2000

注) 略語は10章、11章を参考にしてください。

＊IC Integrated Circuitの略で、集積回路と訳される。LSI以下の半導体素子数のレベル。1-10の脚注も参照のこと。

1-12

後工程で使用される
プロセスとは？

　後工程はウェーハ上に作製したLSIをチップに切り出し、パッケージに収納し、出荷検査をする工程で、用いられるプロセスは装置も含めてシリコン半導体用の特殊なものになります。

▶▶ 後工程の流れ

　前工程のプロセスは化学的・物理的なもので、プロセスは結果として目で確認できますが、実際のプロセスが目に見えるものではありません。しかし、後工程のプロセスはウェーハを薄くしたり、チップに切り出したり、ワイヤーボンディングをしたりと、機械的な加工をする場合が多く、目でも確認できるプロセスが多いのが特徴です。全体のプロセスフローをそのプロセスの作業対策（ワーク）と併せ図表1-12-1に示しておきます。個々のプロセスについては第10章で説明します。

　装置ビジネスに参加しているメーカは、前工程の製造装置メーカとは多くの場合、異なります。もちろん、両方参加しているメーカもありますが、数は多くありません。前工程のプロセス装置は真空機器を用いるケースが多く、また、特殊ガスを使用するなど、その分野の専業のメーカが活躍しています。一方、後工程の製造装置メーカはプロービングや出荷検査のような検査装置を除いて、やはり古くからの専業メーカが活躍している現状です。

▶▶ 後工程の工場とは？

　実際の半導体工場では前工程のファブと後工程のファブは別の棟や敷地、更には遠く離れた別の地方に設置されていることが多いのが現状です。

　後工程では、現在は自動化がかなり進みましたが、以前は人が作業を行う場合も多く、労働集約型の産業になっていました。我が国でも半導体産業の規模が小さい時代は国内で後工程のファブを構えることが多かったのですが、その後は台湾、中国、東南アジアなどに日米の半導体メーカが後工程のファブを設けていきました。

　半導体の場合は前工程のファブから後工程のファブまでウェーハの状態で運ぶの

で、輸送コストは他の産業に比べて、あまり高くないというのも前工程と後工程の
ファブが分離していても問題ない要因とも考えられます。また、後工程のファブで
は水や特殊ガス、電力なども前工程に比べて、あまり使用しないし、クリーンルー
ムの**クリーン度**＊も厳しくないので、ファブの立地条件の制約がゆるいことも同じ

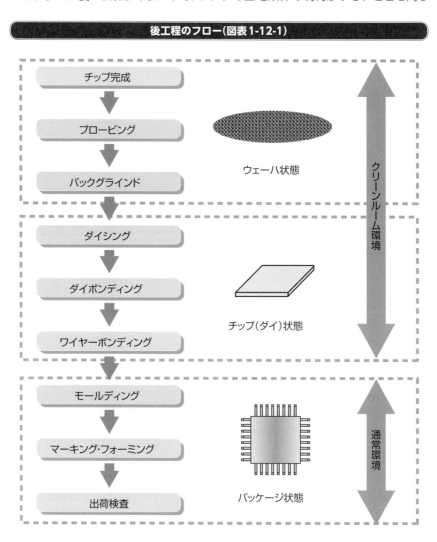

後工程のフロー(図表1-12-1)

チップ完成

プロービング

バックグラインド

ウェーハ状態

ダイシング

ダイボンディング

ワイヤーボンディング

チップ(ダイ)状態

モールディング

マーキング・フォーミング

出荷検査

パッケージ状態

クリーンルーム環境

通常環境

＊**クリーン度**　後工程のクリーン度は一般的にクラス1000とか10000。

く要因と思われます。

　前工程のファブと後工程のファブの歴史的な流れを図表1-12-2に示してみました。これらの流れは11-4や12-6でも触れます。詳しくはそちらで述べますが、半導体メーカで前工程も後工程も同じファブで行っていた時代は遠くなり、図のように後工程から外注に委託するようになり、更には前工程まで外注に委託する時代になっています。いわゆる水平分業の世界になってきました。大規模な汎用半導体を自社だけで作る垂直統合型の企業は"絶滅危惧種"になりつつあるということです。

　我が国は重電メーカ、家電メーカなどが半導体の創業期から半導体ビジネスに参入していったので、結果として垂直統合型の半導体ビジネスが盛んでした。

　加えて、資本の系列化もあるため、半導体事業が硬直化し、世の中の流れに遅れたという議論があります。対して米国などはシリコンバレーのベンチャー企業が参入してきたので、水平分業のビジネスモデルへの参入障壁が少なかったともいえます。

前工程と後工程のファブの経緯の一例（図表1-12-2）

注）半導体ビジネスの発展に伴い、ファブの形態は変化してきた。

memo

第**2**章

前工程の概要

前工程プロセスの各論に入る前に前工程の全体像に触れます。半導体の前工程はアセンブル工程とは異なるプロセスなので、前工程の考え方に触れ、プロセス管理とモニタリング法を述べてゆきます。最後に前工程のファブの概要や歩留まりの早期立ち上げが必要なわけも述べます。

2-1

微細化を追求する前工程プロセス

1-10でも書きましたが、シリコン半導体はいわゆる "ムーアの法則" により、加工寸法の微細化を進め、LSIの微細化による高密度化とチップサイズの縮小を図ることでコストダウンを進めてきました。

▶▶ ムーアの法則

チップサイズの縮小は1枚のウェーハから取れるチップ数の増大を意味します。たくさんのチップが1枚のウェーハから取れるということはそれだけチップのコストダウンにつながります。これをはじめに提唱したのはインテル社のゴードン・ムーアという人なので、**ムーアの法則**と呼ばれています。具体的には3年周期で4倍の高密度化を図るというものです。4倍の高密度化ということは、チップ面積の増加も入れて3年で一辺方向が√1/2（1/2の平方根）になるということになります。つまり、3年ごとに約0.7倍のシュリンク（微細化のこと）が進むということになります。

微細化してもトランジスタの性能は変わらないのでしょうか？　これを技術的にサポートしているのは**スケーリング則**＊といえます。難しい話になりますが、ある一定の規格のもとに微細化を進めるとむしろトランジスタの性能があがるというものです。図表2-1-1にスケーリング則をまとめてみました。参考にしてください。

▶▶ 微細化がどのように進んできたのか？

今までどのように微細化が進んできたのか、その傾向を大づかみで見るため1985年を起点にして最近までの動きを図表2-1-2に大型LCD用の**TFTアレイ**＊と対比させる形で示してみました。図を見て明らかなようにTFTアレイに比較して、シリコン半導体は微細化が進んできたことがわかります。大型LCDのTFTの加工寸法は数分の一の微細化にとどまっているのに対し、シリコン半導体は数十分の一の微細化が進んでいます。これは第5章で述べるリソグラフィ技術の発展によるものが多いと思います。一方、TFTアレイの方は薄型テレビの普及に伴い、パネ

＊**スケーリング則**　IBMのDennard らにより提唱されたもので、電界一定の条件の下にデバイス寸法とデバイス性能のスケール比を定めたもの。

＊**TFTアレイ**　液晶パネルを駆動させる薄膜トランジスタ(TFT：Thin Film Transistor)のマトリクスのこと。

ルの大型化が進み、ガラス基板の大きさを100倍以上に大きくして1枚のガラス基板から取れるパネルの数を確保していることがわかります。一方でシリコンウェーハの大きさは10倍にもなっていません。むしろ微細化を進めて1枚のウェーハから取れるチップの枚数を増やしてきたといえます。

スケーリング則のまとめ（図表 2-1-1）

Gate長	: 1/k	電流	: 1/k
Gate巾	: 1/k	容量	: 1/k
ゲート酸化膜厚	: 1/k	遅延時間	: 1/k
接合深さ	: 1/k	消費電力	: $1/k^2$
不純物濃度	: k	面積	: $1/k^2$
電源電圧	: 1/k	電界	: 1

電界一定の条件

先端シリコン半導体とLCDの数値的比較（図表 2-1-2）

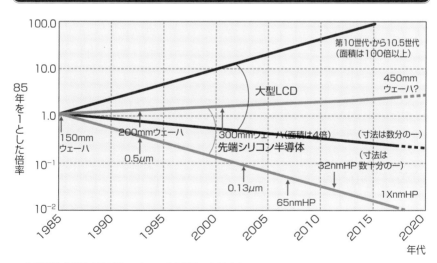

縦軸：85年を1とした倍率

第10世代から10.5世代（面積は100倍以上）

大型LCD

450mmウェーハ？

150mmウェーハ

200mmウェーハ
0.5μm

300mmウェーハ（面積は4倍）
先端シリコン半導体

（寸法は数分の一）

（寸法は32nmHP　数十分の一）

0.13μm

65nmHP

1XnmHP

1985 1990 1995 2000 2005 2010 2015 2020
年代

注1）正確には85年には125mmウエハで比較が正しいかもしれない。
　　　あくまでも全体的な傾向を把握して頂ければよいと思う。次の2-2も参照のこと。
注2）微細化のグラフの数値はデザインルールやハーフピッチ（巻末参照）。HPはハーフピッチの略。

＊第10世代　ガラス基板サイズが2,880mm×3,130mmの大きさで、42インチパネルが12枚、60インチパネルだと6枚取れる。更にそれより大きい11世代の計画もある（2,940mm×3,370mm）。

2-2
一括でチップを作製する前工程

LSIチップは1個1個、シリコンウェーハ上に作ってゆくわけではありません。第5章で述べるリソグラフィなどのプロセスでウェーハ上にすべてのチップを一括で形成してゆきます。

▶▶ 一括で作るメリット

LSIのチップを1個1個ウェーハ上に形成していったのでは、コマーシャルベースに合わないことは容易に想像が付くと思います。たとえとして適切ではないかもしれませんが、お札は大きな紙に多くの紙幣を印刷して後で裁断します。また、切手も1枚の紙に何十枚もの切手を印刷してあり、使用する際に1枚ごと、あるいは必要な分だけ切り取ります。これらのたとえと似たようなものです。

1枚のウェーハからたくさんのチップが取れれば、それだけ**コストダウン**につながります。即ち、微細化による**チップサイズの縮小**は1枚のウェーハから取れるチップ数の増大を意味します。図表2-2-1に1枚のウェーハ（300mm^{2}ウェーハで面積は約700cm^2）からメモリセルの1ビット（先端では0.1μm^{2}以下）まで"ミクロの旅"をした例で描いてみましたが、その面積の違いは10桁以上です。このビットをひとつひとつ作っていくわけにはいかないと理解できると思います。

その代り、落とし穴もあります。リソグラフィで使用するパターンを焼き付けるマスクに一箇所でも欠陥があれば、その欠陥が転写されて、すべてのチップが不良になってしまうということです。その点についてはリソグラフィの5-4でその対策とあわせて詳しく述べます。

▶▶ LCDパネルとの比較

2-1で微細化動向を比較したLCDパネル（TFTアレイ基板）との違いもう少し見てみましょう。

LCDパネルも1枚の大型ガラス（半導体のシリコンウェーハに相当）に何枚ものLCDパネルを作ります。同じようにコマーシャルベースに乗せるためです。しかし、LCDの方はLSIチップに相当するのはパネルなのですが、これはLCDテレビの大

画面化を思い浮かべて頂ければおわかりのとおり、どんどん大きくなります。一昔前は32インチで大型だったのが、今では50インチ以上が当たり前のようになっています。

このようにLCDパネル方は"大きく作って分割"しても分割のサイズもどんどん大きくなるため、ガラス基板の大型化が宿命のようになっています。基板が大きいためファブ内での搬送手段も大型化します。

一方、LSIの方はチップがどんどん大きくなることはありません。先端ロジックなどで大きなチップが必要になることがありますが、傾向として大きくなるものではありません。

図表2-2-2に示すようにLCDの場合はたくさんのパネルを取るにはガラス基板の大型化が加速度的に進むのに対して、LSIの場合はウェーハをどんどん大きくしなくとも微細化によりたくさんのLSIチップが、1枚のウェーハから取れるのが大きな違いです。これは"微細化"という**指導原理**のおかげです。

ウェーハから1ビットまでの"ミクロの旅"（図表2-2-1）

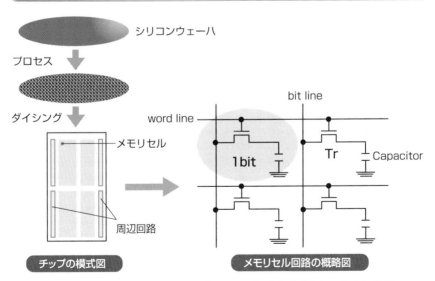

注）1トランジスタ（Tr）と1キャパシタからなる
　　DRAMセルの例

LCD産業と半導体産業の違い（図表 2-2-2）

	シリコン半導体	LCDパネル（TFTアレイ）
材料	シリコン単結晶	アモルファスシリコンが主
基板	ウェーハ（単結晶）	ガラス基板が主
製品単位	チップ	パネル
製品単位の大きさ	微細化により大きくはならない傾向	薄型テレビの大型化でパネルサイズも大型化
基板の動向	現状は300mm	10.5世代まで大型化進む
機能	多機能パワーもの、メモリ、IPそのもの（ロジック）など	スイッチング素子アレイ（バックプレインという位置付け）という単機能

注）IPについては9-8の脚注参照。

 COLUMN　一括で作って分割する

　製造業ではLSIのように一括で作ってから小さく分割するというのはよく用いられる方法です。

　筆者の体験から紹介しましょう。筆者が最初に勤めた会社は磁気テープを製造販売しておりました。時代はカセットテープの時代です。当時は新入社員には各事業所の見学をさせてくれたものでした。

　磁気テープは大きな樹脂のロールに必要な材料を塗布して製造していました。ロールの幅は2〜3mあった記憶です。巨大なバウムクーヘンのようでした。現場の方はそれを"パンケーキ"と呼ぶと教えてくれました。それを必要な大きさに分割を繰り返し、カセットのケースに収めたものと思います。

　また、当時既に半導体メモリが市場に出ておりましたが、歩留まりが悪く（値段も高価）、筆者の会社ではコアメモリを作っておりました。コアメモリは磁気のヒステリシスを利用するメモリです。磁気を持つ小さなフェライトのコアにワイヤを通し、それに電流を流すことでメモリ作用を発揮させます。このフェライトコアは1ミリほどの小さなものです。そのようなコアをプレスでは作れませんので、いったん、フェライトを混ぜた樹脂をテープ状にして、それを後で打ち抜いて作っていたと記憶します。

　古い話で正確ではないかもしれませんが、おおむね合っていると思います。つまり、一括で作って後で分割するという方法です。このように始めから小さく作っては商業ベースに乗らないし、難しいためです。LSIもこの手法を継承しているということでしょう。

　ついでながら、その小さなフェライトコアにワイヤを通す作業を"編組"と呼んでいました。手先の器用な女性が実体顕微鏡を見ながらピンセットでワイヤを通していました。静かな環境で作業をする必要があり、別建屋で行っていました。もちろん"男子禁制"です。半導体産業は製造装置を買って並べれば済むわけではないですが、作業者のスキルが生かせる分野も必要な気がします。

2-3

"待った" のないプロセスで
必要な検査・モニタリング

前工程は一貫で連続して行うため作るためにやり直しの効かないプロセスです。そんななかで歩留まりを維持するためにはラインでの検査・モニタリングが必須になります。

▶▶ 半導体プロセスならではの考え方

前工程は作業をしながら、結果を見ることができないといっていい工程です。例えば、陶磁器も上薬を塗ってから、窯に入れて焼いて、出してみるまで、どんな色になるか結果がわからないというのに似ていると思います。これはアセンブル作業のように後で組み立て直しが効くような生産形態とは大きく異なる点です。将棋でたとえると "待ったなし" の作業というわけです。

それとともに結果のとらえ方には半導体ならではの考え方があります。前工程ではウェーハを何十枚から百枚を一挙に処理することもあります。ウェーハの中にはそれこそ、何千、何万のチップがあり、その中のトランジスタの数はそれこそ天文学的な数値になります。それを一個一個完全なものにするには、ウェーハ間での**ばらつき**、ウェーハ内でのばらつき、チップ間でのばらつき、トランジスタ間でのばらつきを考慮しますとある決まった値のものを作るという考えではなく、ウェーハ全体を "ある一定の分布の中に入れる" という考えを取ります。図表2-3-1にその例を示します。一括で作ったものにはばらつきも多いのは事実ですが、半導体プロセスはそのばらつきを如何に小さくし、各ロットの再現性を良くするかが基本です。

▶▶ モニタリングの必要性

このように結果はプロセスが終わってみないとわからない状態ですので、装置の状態、プロセスの結果を常に**モニタリング**してやる必要があります。そのモニタリングもプロセス中に行うin situのモニタリングやプロセス後に行うex situのモニタリングの２つが主としてあります。

これらはプロセスを流しているラインの状態をモニターするので**インラインモニタリング**と呼びます。場合によってはライン外でモニターすることもありますが、

2-3 "待った"のないプロセスで必要な検査・モニタリング

それはオフラインモニタリングと呼びます (2-6も参考にしてください)。図表 2-3-2にはインラインモニタリングのシステム化の例を挙げてみました。

　これが1-9で述べたシリコンウェーハが色々な使用の仕方がありますといった理由のひとつであることがおわかりいただけたと思います。モニタリング用のウェーハもたくさん使用することになります。例えば、装置の搬送チェックには搬送テスト用のウェーハがありますし、装置のパーティクルチェックにはパーティクルチェック用のウェーハが要ります。

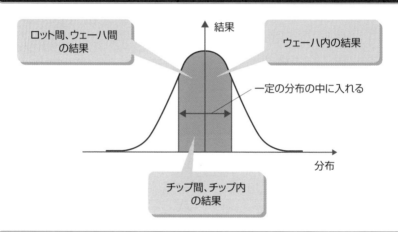

プロセスの結果に対する考え方を示す例 (図表 2-3-1)

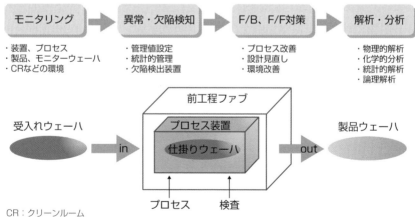

インラインモニタリングのシステム化の例 (図表 2-3-2)

CR：クリーンルーム
F/B、F/F：フィードバック、フィードフォワード

2-4

前工程のファブ全体像

ファブとは工場のことをいいます。前工程のプロセスではウェーハを作業対象にしたプロセスを行っていきますので、ウェーハの搬送やクリーン化などで後工程のファブとは求められる仕様が大きく異なります。

▶▶ クリーンルームとは？

まず、前工程のファブの大きな特徴はラインの**クリーン度**が厳しいということです。通常、**クラス1***以上のクリーン度が要求されます。このためには空調の換気回数が多いということですから、電力を消耗します。また、テレビのニュースなどで半導体工場の様子が放映されると白い無塵服を着て働いている姿が見られますが、1-8で述べたように、人体はゴミの発生源になりますので、それを防ぐために上記のような無塵服で作業します。しかし、これだけがクリーンルームではありません。半導体プロセス装置は電力もさることながら、色々なファシリティー（ガス、薬液、純水および、それらの廃ガス、廃液など）が必要です。図表2-4-1にはその例としてガスをクリーンルームのプロセス装置に分配している様子を示しました。クリーンルーム内は清浄な空間であって、なおかつ、このようにファシリティーが人体の血管や神経のように走っているという一面もあります。

▶▶ ファブに必要な設備とは？

クリーンルームの空調の運転に加え製造装置や搬送装置の運転には電力が必要です。その費用だけでも膨大なものです。また、前工程では多くの純水、ガス、薬液などを使用します。そのための供給設備が必要です。例えば、ガスなどは**オンサイトプラント**と称して現地にガスプラントがある場合もあります。また、多くの純水、特殊ガス、薬液を使用するということは多くの廃水、廃ガス、廃液が出るということになります。これらの除害や処理設備も必要になります。前工程のファブではこれらのファシリティーのプラントがかなりの敷地面積を占めているのが現状です。したがって前工程のファブはクリーンルームがメインというイメージになりがちですが、このように各ファシリティー設備も重要ですし、純水を作るための水の確保などのロケー

***クラス1** クラスはクリーン度を表す基準。1フィート(約30cm)立方中の空気に何個のパーティクルが存在しているかで表す。クラス1とはパーティクルが1個存在していること。

2-4 前工程のファブ全体像

ションの課題もあります。図表2-4-2に前工程ファブのイメージを描いてみました。

半導体前工程クリーンルームのイメージ例（図表2-4-1）

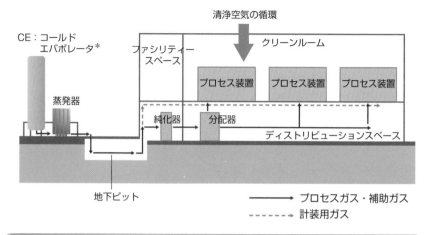

半導体前工程ファブのイメージ例（図表2-4-2）

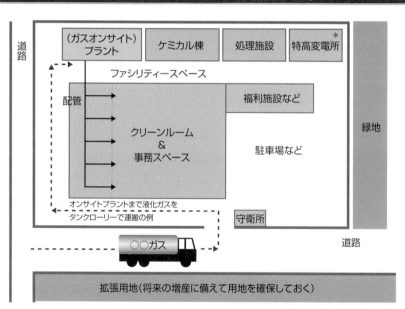

＊**コールドエバポレータ**　半導体プロセスで大量に用いる窒素、酸素、アルゴンは、高純度の液体状態でファブに運ばれ、コールドエバポレータに貯蔵される。使用する際は図のように蒸発器でガス化し、純化器で純度を上げ、分配器を通して各プロセス装置に配分される。

＊**特高変電所**　送電線で特別高圧（66kV）が半導体ファブへ送電されるが、それを所望の電圧に降圧する設備。

2-5

ファブのライン構成
—ベイ方式とは？

　前工程のプロセスは循環型プロセスと呼ぶべきものだと1-3に書きました。そのためのクリーンルーム内の製造ライン（単にラインともいいます）での製造装置のレイアウトがベイ方式と呼ぶものです。

▶▶ 何ゆえベイ方式か？

　ベイとは湾という意味です。同じプロセスの装置があたかも湾内に浮かぶ船のように見えるため、付いた名前かも知れません。それはともかく、半導体製造装置をファブのクリーンルームの中でどうレイアウトするかが問題です。何度も述べているように前工程のプロセスは何度も同じプロセスを通るため、通る順番に装置をレイアウトしていたら、何台装置があっても足りませんし、クリーンルームの面積が膨大になります。そこで同じ種類のプロセス装置は同じベイにレイアウトするという方式が一般的に取られます。これが**ベイ方式**です。図表2-5-1にそのモデル図を示しておきます。シリコンウェーハを入れたキャリアや**FOUP**＊がそれぞれの装置に**OHV**＊に乗って搬送される（図示はしていません）わけです。大規模ファブの搬送ラインの総延長は何十キロにも及ぶといわれています。

　ついでながら、書いておきますとクリーンルームは建設するにも維持するにもコストがかかるものです。例えば、クリーンルームの空調の運転費用だけでも大変な電力コストになります。ですから、無駄のない装置の配置が必要になります。

▶▶ 実際のラインの運用

　ただ、実際に生産をしているラインですから、途中でプロセス製造装置の入れ替えや生産の増減なども起こります。しかし、臨機応変に対応しているのが、半導体のラインの運用であり、そのためのレイアウトの工夫も必要です。

　2-3で述べたモニタリングや検査はどうなっているのでしょうか？　やはり、装置によってはクリーンルーム内に設置され、それぞれ各プロセス装置でモニタリン

＊ **FOUP**　Front Opened Unified Podの略で局所クリーン方式（ミニエンバイロメント方式ともいう）対応のウェーハポッド。ポッドの開閉が外部から可能になっている。

＊ **OHV**　Over Head Vehicleの略。クリーンルームの天井下をモノレールのようにキャリアやFOUPを搬送するシステムのことをいう。

グや結果の検査を行っています。図中に示すように検査・解析装置によってはクリーンルームの外に設置されている場合があります。それらをトータルで管理しているのが量産ラインです。その模式図を図表2-5-2に示してみました。

ベイ方式の一例の模式図（図表 2-5-1）

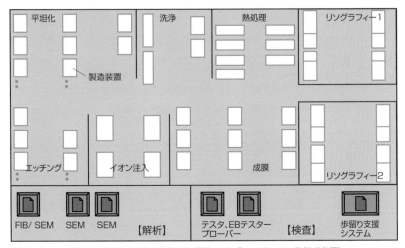

注）リソグラフィの場合は感光性レジストを扱うため、隔離されたゾーンとなっている（5-5参照）。

検査・測定システム化の一例（図表 2-5-2）

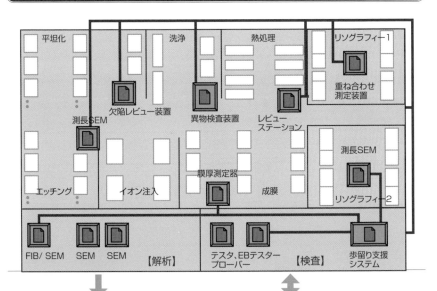

外注するケースもある　　　　　　　　設計データ

2-6
ファブでは歩留まりの 早期立ち上げが必要

半導体製品はお客さんに買って頂いてのビジネスですので、他の製造業と同じように 歩留まり（良品率）が重要です。半導体ではその早期立ち上げが特に必要になります。

▶▶ 何ゆえ早期立ち上げか？

　　LSIの歩留まりは、とりわけ**テクノロジーノード**＊（世代と考えてください）が変わ り、プロセス、装置が大きく変化した時に始めから高い値を維持するのは困難です。 第1章でも説明したようにLSIのプロセスは多くのプロセスの積み重ねですので、 その中のひとつでもおかしくなると歩留まりは維持できません。そのプロセスの多 くが世代交代すれば、歩留まりを維持するのは難しいと想像が付くかと思います。

　　一方でLSIは新しく商品になったときには高価格でも売れますが、どんどん時間 が経つにつれて、コスト競争にさらされます。つまり、世代交代の初期のうちに大量 に市場に製品を出さないと儲けになりません。それには開発・試作段階で多くの問 題を洗い出し、量産に入った時に一気に歩留まりを上げる必要があります。これを**垂 直立ち上げ**と呼んでいます。図表2-6-1にその模式図を示します。開発のめどが付 き、試作に入ってからの歩留まりを限りなく早く高くすることを意味しています。

▶▶ 初期歩留まりを上げるには？

　開発段階から試作、量産開始の歩留まりを早く立ち上げることは筆者も経験があ りますが、妙案があるわけではありません。やはり、開発段階から、検査の結果をこ まめにプロセスにフィードバックすることが基本になるかと思います。図表2-6-2 に基本的な結果のやり取りを示してみました。ベースになるのはプロセスのモニタ リングと結果の検査・測定及び不良解析技術です。ただ、ルーチンとして検査、測 定していても効果は少なく、その結果から早めに予兆を発見するには経験を積む必 要があります。また、不良解析も測定結果からすぐ不良を見つけ、手早く解析する 技術が必要です。かつ、それを早くプロセスにフィードバックすることが肝要です。 ただ、予期しない不良なども初期段階では多く発生するので、その解析技術や結果

＊**テクノロジーノード**　微細化が進んで行く段階のある最小加工寸法で代表的に世代を表記するもの。昔使われていた 　　　　　　　　　デザインルールと同義と捉えても良い。最近はハーフピッチで表される。→巻末の付表参照

2-6 ファブでは歩留まりの早期立ち上げが必要

の見極めが必要になります。ある程度、経験も必要であり、検査装置や解析装置だけをそろえればいいものではないことは確かです。図の左側に記しましたが、ライン全体としての**欠陥制御技術**や**工程管理技術**に体系化してゆくことが必要です。

歩留まりの垂直立ち上げのモデル例（図表 2-6-1）

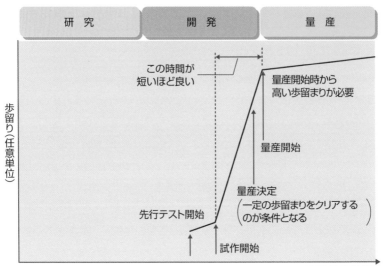

体系的に見たラインで可能な歩留まり管理（図表 2-6-2）

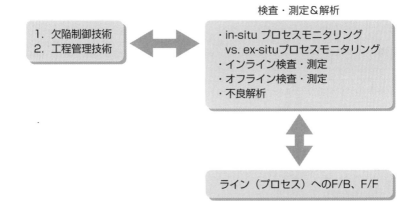

各種の測定装置については姉妹書である「図解入門よくわかる最新半導体製造装置の基本と仕組み [第3版]」に記してありますので、興味のある方は参考にしてください。

第**3**章

洗浄・乾燥
ウェットプロセス

この章では洗浄・乾燥について述べます。前工程ではウェーハは各プロセス装置から装置へと移動してゆく際に必ず洗浄・乾燥を施しておきます。その基本となる洗浄技術について触れます。また、ウェーハは必ず乾燥させた状態で洗浄装置から出すというドライアウトの考えから乾燥技術についても触れます。

3-1

常に清浄面を保つ洗浄プロセス

　1-8でも書きましたが、前工程は循環型のプロセスです。ウェーハはLSI製造プロセスの経過とともに各プロセス装置から装置へと移動してゆきます。その間に必ず洗浄・乾燥を施しておきます。

▶▶ 何ゆえ洗浄が毎回必要か？

　誤解をおそれずにいえば、毎回他のプロセス処理中にウェーハが汚染されるために洗浄・乾燥を行うということです。ちなみに洗浄と乾燥はワンセットになっており、ウェーハは必ず乾燥させた状態で洗浄装置から外に出すという考えです。これを "ドライイン・ドライアウト" といいます。その理由はウェーハを水分が含まれた状態にしておくとウェーハ表面で酸化が進むからです。また、目では見えないような水滴が残っても**ウォーターマーク**の原因になります。従って、乾燥は重要で、それについては後で触れます。

　今、ウォーターマーク (3-7参照) のことが出てきましたが、どんなものが不具合かを図表3-1-1に示します。クリーンルームやウェーハが接触する部材、プロセス装置などに起因するものと、プロセスに起因するものに大きく分けられることがわかります。

▶▶ 表面だけでは洗浄処理は不充分

　ウェーハの洗浄は表面だけを行えば良いというものではありません。沿面 (または法面＊：のりめん) や裏面の洗浄が必要です。確かに法面や裏面は直接、チップ作製上問題が起こるわけではありませんが、法面や裏面に付いたパーティクルや汚染が何らかの形で表面に転写されるケースがあるからです。その様子を図表3-1-2に示します。従って、ウェーハの表面だけを洗浄すればよいというものではなく、ウェーハ全体を洗浄する必要があります。

　もちろん、乾燥の方もウェーハ全体が乾燥されるものでなくてはなりません。これが本当の意味での "ドライアウト" です。

＊**法面**　シリコンウェーハの法面はベベルともいい、図では作図上垂直の面のようになっているが、実際には凸状で表面は研磨されていないので非常にラフな面。

ウェーハに微粒子・汚染をもたらす外部要因（図表 3-1-1）

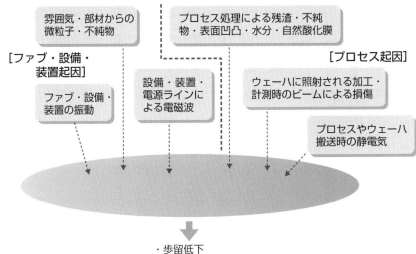

雰囲気・部材からの
微粒子・不純物

プロセス処理による残渣・不純
物・表面凹凸・水分・自然酸化膜

［ファブ・設備・
装置起因］

［プロセス起因］

ファブ・設備・
装置の振動

設備・装置・
電源ラインに
よる電磁波

ウェーハに照射される加工・
計測時のビームによる損傷

プロセスやウェーハ
搬送時の静電気

・歩留低下
・デバイス品質劣化

ウェーハ裏面から表面へのパーティクルの転写（図表 3-1-2）

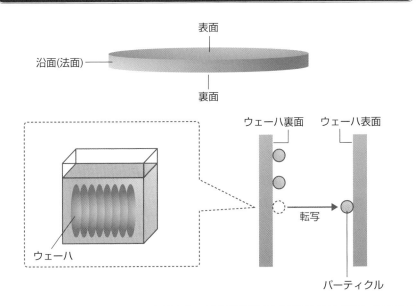

表面

沿面(法面)

裏面

ウェーハ裏面　ウェーハ表面

転写

ウェーハ

パーティクル

3-2

洗浄の手法・メカニズム

　　洗浄は簡単にいうと、ウェーハからパーティクルや汚染（コンタミネーション）を除去するものです。その方法は多岐に渡っています。

▶▶ 洗浄の方法論

　　ウェーハからパーティクルや汚染を化学的に除去するか、物理的に除去するかという分類をしますと、図表3-2-1に示すような分類になると思われます。物理的な作用とはブラシで機械的に除去するものや超音波の振動で除去するものなど、化学的な作用で除去するものは薬液の強い化学反応でパーティクルや汚染を直接溶解させてしまうもの、またはパーティクルや汚染が付着している表面の"薄皮一枚"を溶解することでリフトオフ的に除去するものなどがあります。大きなパーティクルは化学的作用よりはブラシなどで物理的に除去する方法で効果があります。しかし、除去したパーティクルが再付着する場合などもありますので、物理的除去法のパラメータはしっかり抑えておく必要があります。また、図に示したように現実的にはこれらの手法を色々組み合わせて洗浄を行います。

　　ここに示したものはいずれも薬液などを用いるウェット洗浄です。そのほかにドライ洗浄（エアロゾル粒子の吹き付けなども入るかもしれません）などもありますので、それは3-9で説明します。

▶▶ 超音波洗浄とは？

　　上記のうちから、物理的作用を強める方法を紹介しておきましょう。一般的に多用される超音波洗浄について述べておきます。これは人間の耳には聞こえない20kHz以上の超音波は弾性波であり、歪を持つことを利用して、ウェーハの表面に付着した汚染やパーティクルを弾性的にはじき飛ばす作用をします。用いる波長帯は100kHz以下の超音波と100kHz以上の超音波帯があります。それぞれ作用が異なりますので、図表3-2-2にその内容を示しておきます。

　　超音波は半導体プロセスでよく用いられます。後工程で用いる例は10-5を参考にしてください。

洗浄の方法（図表 3-2-1）

1. 物理的（メカニカル）除去

　　1）ブラシなどによる機械的なもの
　　2）超音波による振動
　　3）氷粒子、エアロゾルの吹きつけなど

2.化学的（ケミカル）除去

　　1）溶解反応
　　2）リフトオフ除去（表面エッチングにより剥離）

現実的にはこれらの組み合わせを用いる。

ブラシ

超音波、吹付け

溶解反応

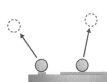

リフトオフ

超音波洗浄のメカニズム（図表 3-2-2）

100kHz以下の周波数域

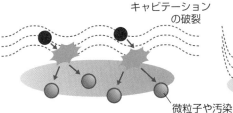

キャビテーションの破裂

微粒子や汚染

液中にキャビテーション（微小な泡）を生じさせ、破裂時の衝撃波でウェーハ上の汚染・微粒子を弾き飛ばす

100kHz以上の周波数域

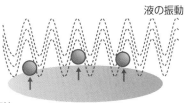

液の振動

液中に振動を生じさせ、大きな運動量によりウェーハ上の汚染・微粒子を弾き飛ばす

第3章　洗浄・乾燥ウェットプロセス

洗浄の基本—RCA洗浄

ウェーハ洗浄の基本はRCA洗浄です。欠点もありますが、効果はあるので、今でも標準的に使用されています。

▶▶ RCA洗浄とは何か？

化学的に除去する洗浄法の代表的なものが**RCA洗浄**です。1960年代のRCA社*のKernやPuotinenにより提唱されたものであり、化学的な作用による洗浄法の代表で、薬液の組み合わせになる洗浄液を用いる方法です。基本的に各汚染に対する洗浄液の組み合わせ、混合比、温度などが決められており、表3-3-1にRCA洗浄液の例を示しておきます。特に**APM**と呼ばれるアンモニアと過酸化水素水の混合液は"アンモニア過水"とも略称され、有機汚染やパーティクルの除去に効果があります。これを**SC-1洗浄**ともいいます。SCとはSemiconductor Cleanの略です。**HPM**と呼ばれる塩酸と過酸化水素水の混合液は"塩酸過水"と略称され、金属（メタル）汚染の除去に効果があります。これを**SC-2洗浄**ともいいます。また、**SPM**と呼ばれる硫酸と過酸化水素水の混合液は"硫酸過水"と略称され、レジストやその残渣の除去に効果があります。通常の洗浄装置ではこれらの組合せで薬液槽が設置されています。

それぞれの目的に応じたRCA洗浄の組合せの例を図表3-3-2に示します。あくまでもひとつの例にすぎません。また、主としてフロントエンドで用いられます。というのは、バックエンドではメタル配線が形成されており、RCA洗浄液ではメタル配線が溶解してしまうためです。

▶▶ RCA洗浄の課題

従来からの課題に加えて、古くから使用されている方法なので、現在の視点から見ると色々課題も増えてきました。とりわけ、加熱が必要なことがネックであることは従来からいわれてきました。加熱による薬液の蒸発により途中で液の濃度が変わることが懸念点です。また、危険な薬品を加熱することは安全上、色々対策が必要です。また、ここに来て、これらの薬品を加熱して用いることは環境負荷が大き

＊**RCA社** RCAはRadio Corporation of Americaの略で、かつては米国を代表するエレクトロニクスメーカだった。

いことが問題視されています。そこで、環境負荷低減のため、これに替わる方法が模索されています。それは次の節で述べます。

RCA 洗浄液の例（図表 3-3-1）

1. APM(SC-1)アンモニアと過酸化水素水 ➡ 有機物や微粒子の除去
   $NH_3/H_2O_2/H_2O=1/1/5～1/2/7$　75～85℃

2. HPM(SC-2)塩酸と過酸化水素水 ➡ 金属汚染の除去
   $HCl/H_2O_2/H_2O=1/1/6～1/2/8$　75～85℃

3. SPM 硫酸と過酸化水素水 ➡ 有機物、レジストの除去
   $H_2SO_4/H_2O_2=4/1$　100～120℃

4. DHF(希フッ酸) ➡ 薄い酸化膜の除去
   HF(0.5%～5%程度) 常温

5. BHF(バッファードフッ酸) ➡ 自然酸化膜の除去
   $NH_4F/HF=1/7$　常温

注)比率や温度はある程度の目安、半導体メーカにより多少異なります。

RCA 洗浄の組み合せの例（図表 3-3-2）

1. 酸化前洗浄
   AP➡M➡リンス➡DHF➡リンス➡HPM➡リンス➡ドライ

2. アニール前洗浄
   APM➡リンス➡HPM➡リンス➡ドライ

3. アッシング後洗浄
   SPM➡リンス➡DHF➡リンス➡ドライ

3-4

新しい洗浄方法の例

前述のようにRCA洗浄は温度を上げる必要があり、薬品自体の環境負荷など、最近のエコの観点から見ると問題も目立つようになりました。そこで、低温で、あまり薬品を使用しない洗浄法が模索されています。

▶▶ 新しい洗浄方法

前節で記した以外のRCA洗浄液の問題点を列挙しますと、ひとつは薬液自体の課題があり、SC1はシリコン表面の**COP**＊やマイクロラフネス（表面の微小な凹凸）を引き起こす、金属汚染（Fe／Al）の吸着を引き起こすなどの問題があるといわれています。また、SC2はHClによる腐食などの問題があります。ふたつめは色々な薬液の組合せで構成されているので、シーケンスが長いということです。

そこで、新しい薬液として提案されているのは添加剤や他薬液の採用です。例としてはSC1へのキレート剤や界面活性剤の添加、SC1へのDHFの添加、SC2のHFまたはHF/HClへの転換、HF/H_2O_2の使用などがあります。

また、環境負荷低減という点ではSPMでのオゾンガスバブリング、SC1でのコリンやTMAHの代用、機能水の使用などがあります。例としてはガス溶解水（オゾン水、溶存酸素水、水素水）などがあります。色々な研究機関から提案されている代表的な例を図表3-4-1に示しておきます。なお、UCT（Ultra Clean Technology）洗浄は東北大で開発されました。また、IMECとはベルギーの研究開発会社です。

▶▶ 今後の洗浄方法

今後の洗浄法のトピックス的な動きとしては超臨界CO_2洗浄や米ベンチャー企業によるパーティクルをクラスターで包み込んで除去するクラスター水での洗浄などが注目されます。超臨界とは臨界点以上の温度、圧力下の物質のことで、流体でもあり気体でもある状態のことです。以下に示すようなニーズから、今後も色々な提案があると思われます。

全体的に装置も含めて、洗浄性能の向上を目指す必要があり、

＊**COP**　Crystal Oriented Particleの略。ウェーハ表面にできた結晶起因の欠陥。

①微細化トレンドとそれにともなう新構造、新材料への対応

例えば、Cu/ULK構造、high-kゲートスタック構造など（これらの構造は第7章を参照）

②低コスト化、高スループット

③環境負荷低減

などが主な課題になると思われます。

新しい洗浄シーケンスの例（図表3-4-1）

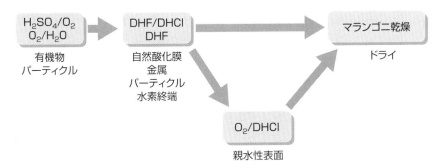

1.UCT低温洗浄

超音波

超音波

| O_2/H_2O | → | H_2溶解アルカリ水 | → | HF/H_2O_2 | → | H_2溶解水 | → |

有機物　　　パーティクル　　　自然酸化膜　　　リンス　　ドライ
　　　　　　　　　　　　　　　金属
　　　　　　　　　　　　　　　水素終端

2.IMEC洗浄

H_2SO_4/O_2
O_2/H_2O → DHF/DHCl DHF → マランゴニ乾燥

有機物　　　　自然酸化膜　　　　　　　ドライ
パーティクル　金属
　　　　　　　パーティクル
　　　　　　　水素終端

$O_2/DHCl$

親水性表面

注）薬液名のDHFやDHClのDはDiluteの略で希釈したHF、HClの意味です。

3-5

バッチ式と枚葉式の違い

　洗浄・乾燥工程は何度も行われますので、前工程の中でも非常に回数が多いプロセスです。そこでウェーハ1枚あたりの所要時間を低減することが求められます。一方でウェーハは300mmと大型化し、バッチ式か枚葉式かが問題になります。

▶▶ バッチ式とは何か？

　バッチ式とはウェーハを複数枚まとめて処理するプロセス装置のことです。一般的なバッチ式の処理枚数はウェーハを収納する**キャリア**や処理チャンバーの関係で数が決まります。洗浄装置の場合はキャリアに収納できる枚数で決まってきます。通常は25枚になります、キャリアを用いないキャリアレス洗浄装置については次の節で説明します。たくさんのウェーハが一括で処理できるということはそれだけチップのコストダウンにつながりますので、洗浄のように回数の多いプロセスには有利です。

▶▶ 枚葉式とは何か？

　それに対して、ウェーハを1枚1枚処理してゆく方法を**枚葉式**といいます。ウェーハの大きさが6インチくらいからバッチ式の装置に代わり、枚葉式の装置が増えてきました。これはウェーハの口径が大きくなるにつれ、プロセス処理の結果が、ウェーハ面内で均一性が確保できなくなることへの対策でした。また、メモリのように同じチップを大量生産するファブだけでなく、**ASIC**＊のようにカスタムLSIを少量多品種生産する場合は、バッチ式のメリットがあまり生かせなくなったという側面もあります。ただ、1枚あたりの所要時間、言い換えると単位時間に何枚のウェーハを処理できるか（これを**スループット**といいます）がバッチ式に比べると課題になります。

　図表3-5-1に洗浄装置の分類を示しておきます。もちろん、乾燥装置もそれに対応して付属しています。ここでは装置の詳しい説明は省略しますが、薬液槽や純水槽にウェーハを浸すタイプをディップ式、薬液や純水をノズルから吹き付けるタイプをスプレー式と呼びます。ドライ洗浄については3-9で触れます。

　図表3-5-2にはバッチ式洗浄装置と枚葉式洗浄装置のコンセプトを比較した図

＊**ASIC** Application Specific Integrated Circuit の略でエーシックと発音される。特定用途向けのICのことで、複数の回路を組み合わせて作る。

を示します。薬液槽の後に必ず純水のリンス槽があるのはウェーハやキャリアに付いた薬液を次の薬液槽にキャリーオーバーしないためです。枚葉式でもかならず、薬液をリンスしてから次の薬液をスプレーします。

洗浄装置の分類（図表 3-5-1）

注）スピンプロセッサーと呼ぶ場合もある。

バッチ式と枚葉式洗浄装置の比較（図表 3-5-2）

(a) 多槽バッチ式

APM　Rinse　HPM　Rinse　Dry

各槽を移動　　　　　　（乾燥）

次工程

(b) 枚葉式

APM　⇒ Rinse ⇒ HPM ⇒ Rinse ⇒ Dry（乾燥）⇒ 次工程

ひとつのステージで処理、、いわゆるスピンプロセッサーの例。

RCA洗浄の例で示してあります。APM:アンモニア/過酸化水素水
HPM:塩酸/過酸化水素水
HPM/Rinseの後にDHF/Rinseが入る場合もあります。

3-6

スループットが重要な洗浄プロセス

前の項目でも述べましたようにウェーハ1枚あたりの所要時間を低減することが求められます。それをスループットと呼びますが、洗浄プロセスは色々な組合せがあり、簡単には比較できません。

▶▶ 洗浄装置のスループット

直感的にはバッチ式の洗浄装置の方がスループットは大きくなると考えられます。図表3-6-1にバッチ式と枚葉式の洗浄装置のスループットの比較をしてみました。これはバッチ式と枚葉式を極端に比較した例であり、各液槽での処理時間を10分にそろえて計算した結果です。このように仮定すると明らかにバッチ式のスループットは勝ります。しかし、枚葉式の各液での処理を1分に短縮できたら、計算結果は同じになります。あくまでプロセスに応じた方式の選定が鍵になると思います。

▶▶ キャリアレスの洗浄機

キャリアレスのバッチ式洗浄機についても触れておきます。これは300mmなどのウェーハの大型化に対応するために提案されているものです。ウェーハが300mmになりますとキャリアも大きくせざるを得ません。それに追従する形で液槽も大きくなるので薬液や純水の使用量も増加します。それに伴い、装置も大型化しますので、クリーンルームに占める洗浄装置のフロア面積も増加するという問題があります。

キャリアレス洗浄装置は図表3-6-2に示しますようにキャリアを用いずに直接ウェーハを搬送するロボットを使用して、各洗浄槽への搬送を行うものです。キャリアへの搬送時間が不要になる分、スループットの向上にもつながりますし、キャリアによる汚染のキャリーオーバー低減（リンス時間の低減）にも効果があります。もちろん、図で比較するように装置のダウンサイジングにより薬液・純水の使用量低減にも効果があります。バッチ式洗浄装置の小型化は重要です。あくまで筆者の経験ですが、クリーンルームのレイアウトを考える際、多槽式のバッチ式洗浄装置のレイアウト面積が広いので苦労した覚えがあります。

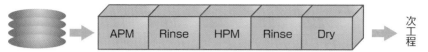

バッチ式と枚葉式のスループットの比較（図表 3-6-1）

(a) バッチ式

| APM | Rinse | HPM | Rinse | Dry |

→ 次工程

ひとつの槽で50枚処理可能とすると各槽10分なら50分
→ 60wfs/hr

(b) 枚葉式

APM → Rinse → HPM → Rinse → Dry → 次工程

各槽10分なら50枚処理に10×50分時間かかる
→6wfs/hr

1st. ウェーハ
2st. ウェーハ
10分

10分ごとに1枚のウェーハが
次工程に送られる。

キャリアレス洗浄装置（図表 3-6-2）

(a) キャリア有りの場合

(b) キャリアレスの場合

洗浄槽が小さくできる

搬送チャック

洗浄槽

薬液・純水

ウェーハ

キャリア

ウェーハ保持板

第3章 洗浄・乾燥ウェットプロセス

洗浄後に欠かせない乾燥プロセス

ウェーハは洗浄したら、すぐ乾燥しないと表面が酸化したり、またウォーターマークと呼ばれる汚染が形成されます。洗浄と乾燥はふたつで一組であり、洗浄装置には必ず乾燥装置が付いています。

▶▶ ウォーターマークとは？

　水分がシリコン表面のように活性な場所に残ってしまうとシリコン表面が酸化されるのは何となく理解できるかもしれませんが、**ウォーターマーク**は聞きなれない用語かもしれません。これは現象論的には、

①DHF処理後のSi表面のような疎水性表面で発生しやすくなる。言い換えると水滴と表面の接触角が大きい場合。

②パターンのある方が発生しやすくなる。

③スピン乾燥の場合に発生しやすくなる。

④乾燥までの時間が長いと発生しやすくなる。

といわれています。

　ウォーターマーク発生のメカニズムは図表3-7-1に示してありますように空気と水滴とシリコン表面の固体・液体・気体の三相界面で不完全なシリコンの酸化が起こることで形成されるといわれています。つまり、残留水滴の完全な除去が不可欠であり、洗浄・乾燥はドライイン・ドライアウトが基本であるということです。前述のウォーターマークの発生原因などから、乾燥はリンスから乾燥までの時間の低減を図る、乾燥雰囲気をコントロールして酸素成分を少なくする、パターンの多いウェーハはIPA*乾燥などを行うことが有効とされています。

　最初に"シリコン表面のような活性な場所"と書きましたが、その理由はシリコンの表面はダングリングボンド（シリコンの共有結合のうちの未結合の手）があるためです。したがって、シリコン表面は疎水性（水をはじく）です。シリコン表面に熱酸化膜や自然酸化膜が形成されると親水性（水にぬれやすい）になります。シリコン表面にゲート酸化膜を形成（第7章参照）する際は、自然酸化膜を除去し、表面を活性にしてから行います。

＊**IPA**　iso-Proply Alcoholの略。イソプロピルアルコール。

▶▶ 乾燥の方法論

　先にIPA乾燥という方法が出てしまいましたが、乾燥プロセスには色々な方法があります。図表3-7-2にまとめてみました。

　従来から広く行われていた方法はスピン乾燥（スピンドライともいわれてます）とIPA乾燥です。前者はウェーハを専用のカセットに入れ、高速で回転させることで水分を吹き飛ばすものです。後者はウェーハ表面の水分を揮発性のIPA蒸気で置換することで乾燥させるものです。図中のマランゴニ乾燥については次節で説明します。

ウォータマーク発生のメカニズム（図表 3-7-1）

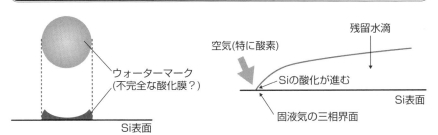

乾燥の主な方法（図表 3-7-2）

手　法	メカニズム	メリット	課　題
スピン乾燥	ウェーハを高速回転させ、水分除去	装置構造が簡単で安価スループット大	条件の最適化静電気の発生稼動部あり
IPA乾燥	水分をIPA（イソプロピルアルコール）蒸気で置換	パターン部に有利	引火性の薬品を使用有機物残留
マランゴニ乾燥	純水中からIPA蒸気中に一気にウェーハを引き上げ	IPA使用量抑制ウォーターマーク低減	スループット小有機物残留

3-8

新しい乾燥プロセス

乾燥プロセスもエコの観点から見直されています。省エネの乾燥技術が注目されています。とりわけ、有機物であるIPAの使用量を削減する努力が行われています。

▶▶ マランゴニ乾燥とは？

マランゴニ乾燥は**マランゴニ (Marangoni) 力**[りょく]＊を使用するので、この名称になっています。これはウェーハをリンスの純水槽からIPAと窒素が吹き付けられる中に一気に引き上げて、その時発生するマランゴニ力で水分を除去するものです。図表3-8-1にマランゴニ乾燥のメカニズムを示します。IPA乾燥でもIPAを利用するのですが、その場合はIPA蒸気を常に満たす必要があり、IPAの使用量が多くなります。それに対してマランゴニ乾燥はIPA蒸気を吹き付けるだけなので、IPAの使用量が少なくなるというメリットがあります。90年代後半にヨーロッパの製造装置メーカが考案して市場に登場してきた方法です。

▶▶ ロタゴニ乾燥とは？

ロタゴニ乾燥もヨーロッパで考えられた乾燥法です。これは枚葉式のスピン乾燥とマランゴニ乾燥の"いいとこ取り"ともいえます。そのメカニズムを図表3-8-2に示します。図でも明らかなように枚葉式のスピン乾燥機でウェーハを高速回転させながら、スピン乾燥を行いつつ、純水とIPA蒸気をノズルから吹き付けながら、IPA蒸気がウェーハの外周方向に向かうように吹き付けながら行う方法です。このとき、ウェーハの外周方向にマランゴニ力が発生しますので、マランゴニ乾燥が同時に行われるというわけです。ここでスピン乾燥も併用している分、IPAの使用量が更に抑えられるという考えのようです。

また、マランゴニ乾燥の場合は、IPA蒸気とN_2の吹き付けで水分が完全に除去できるかの懸念が多少ありますが、ロタゴニ乾燥はスピンドライを併用するので有利であるという考えのようです。

＊**マランゴニ力**　表面張力の勾配に伴い発生するもの。図表3-8-1を参照にするとIPAから純水の方向へ表面張力が大きくなっている。

マランゴニ乾燥の模式図（図表 3-8-1）

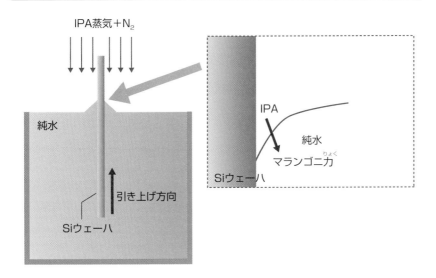

純水

IPA蒸気＋N$_2$

引き上げ方向

Siウェーハ

IPA

純水

マランゴニ力_{りょく}

Siウェーハ

第3章　洗浄・乾燥ウェットプロセス

ロタゴニ乾燥の模式図（図表 3-8-2）

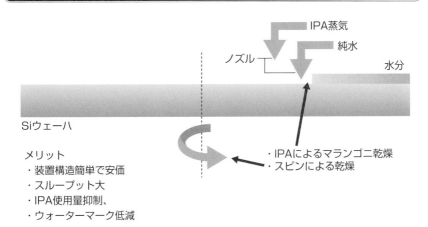

IPA蒸気

純水

ノズル

水分

Siウェーハ

・IPAによるマランゴニ乾燥
・スピンによる乾燥

メリット
・装置構造簡単で安価
・スループット大
・IPA使用量抑制、
・ウォーターマーク低減

3-9

ウェットプロセスとドライ洗浄

第6章でエッチングプロセスを解説しますが、ドライエッチングと呼ばれる、薬液を使用しないエッチングが主流です。ここでは薬液を使用するウェットエッチングについて解説します。それと完全ドライ洗浄の展望について述べます。

▶▶ 何ゆえウェットプロセスか？

ウェット処理のメリットは一度にたくさんのウェーハの処理ができるという点とエッチング液やリンスの純水を入れる液槽があれば装置は構成できますので、装置コストが低いということです。それだけチップのコストダウンにつながります。ただし、形状は等方性の形状になります。これについては6-1を参考にしてください。もうひとつの特徴としてはプラズマを使用しないので、デバイスに与えるダメージも少ないといえます。一方で欠点としては、廃液処理などの問題があります。

エッチングプロセスによっては形状を気にしない、例えば不要になったハードマスク（4-1参照）を除去する、表面の薄い酸化膜を除去するなどの用途もあります。そうしたプロセスではウェットエッチングが使用されています。その場合はファブの中の装置レイアウトという意味では洗浄・乾燥装置の仲間として一緒のベイにレイアウトされることもあります。これら、薬液、純水などを使用する装置を**ウェットステーション**と総称して呼ぶ場合もあります。

▶▶ 完全ドライ洗浄の試み

前述したように前工程では大量の水を使用します。このため、立地条件に取水が大量に可能なところという制約ができ、また廃水処理施設も要るということで一時完全ドライ洗浄への変更が提案されたことがありました。しかし、完全ドライ洗浄の考えはスラリーを使用するCMPの登場でなくなったともいえます。少なくともCMPプロセス後の後洗浄はウェットしかありません。

ただし、ドライ洗浄すべてがなくなったわけではありません。最近はUV照射によるドライ洗浄なども注目されています。また、エアロゾル粒子による洗浄も提案されています。これらの方法はドライプロセスとしては大掛かりな装置を必要とせ

ず、また真空も必要ないので最近多用されています。前者は有機汚染除去に効果があり、TFTのプロセスなどでむしろ用いられています。後者は環境負荷の低減に効果がありますが、スループットに懸念があります。

　それらの方法を参考までに図表3-9-1と図表3-9-2にまとめておきました。

UV照射洗浄の模式図（図表3-9-1）

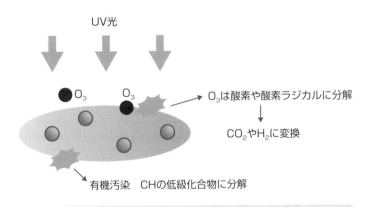

UV光

O_3　　O_3

O_3は酸素や酸素ラジカルに分解

CO_2やH_2に変換

有機汚染　CHの低級化合物に分解

【手法】300nm以下のUV（紫外）光をO_3雰囲気下でウェーハに照射

エアロゾル粒子洗浄の模式図（図表3-9-2）

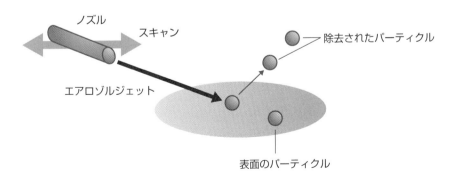

ノズル

スキャン

除去されたパーティクル

エアロゾルジェット

表面のパーティクル

RCA その後

筆者がこの世界に入った頃にはRCAの勢いは下降気味でしたが、依然としてRCA Reviewという雑誌を出すくらいの技術の蓄積はあったようです。筆者も一部の論文を読んだ覚えがあります。また、その当時、"Thin Film Processes"（Academic Press, 1978）という本があって、その本でエッチングやCVDの勉強をした覚えがありますが、この本は主にRCAのエンジニアの方々が執筆、編集したものです。

その後、同社はGE（General Electric）に吸収され、その一部門になったと聞いております。

ここまで書いた後、本の名前が正確か気になってwebで検索したところ、上記の題名で未だに刊行されていることを知りました。会社名は消えたようですが、その技術は継承されていると思いました。

第4章

イオン注入・
熱処理プロセス

この章では、シリコン半導体をトランジスタとして動作させるため、シリコン基板内にn型領域、p型領域を作るイオン注入技術について触れます。後半ではイオン注入後の結晶回復技術について、色々な手法を解説します。

不純物を打ち込むイオン注入技術

1-3でも書きましたが、シリコン半導体は真性領域あるいは同じ型の不純物領域だけではトランジスタとして動作しません。そのためにはシリコン基板内にn型領域、およびp型領域を作る必要があります。その役目を行うのがイオン注入技術です。

▶▶ イオン注入技術以前は？

以前は**拡散**という方法が用いられました。具体的には例えば、n型の不純物であるP（リン）を含む膜をウェーハ上に形成し、その後、シリコン結晶中に固相拡散する方法です。先端半導体プロセスでは使用されなくなりましたが、結晶系の太陽電池でn型領域を形成する時に使用されています。昔はこの拡散装置が何台あるかでそのラインの生産能力が判るといわれたものです。前工程のラインのうち、今でいうフロントエンドのことを拡散ラインと呼ぶこともありました。両者の比較を図表4-1-1に示しておきます。拡散法では長時間の処理が必要になり、特定のエリアだけにn型やp型の領域を形成するのが難しいので、次に述べるイオン注入法が用いられるようになりました。

▶▶ イオン注入法とは？

文字どおり、不純物になる原子をイオン化し、充分な加速エネルギーを与えて、シリコン結晶に打ち込む方法です。装置の概要は次の4-2で説明します。この方法はシリコン単結晶に打ち込むだけなので、4-4以降で説明する結晶回復のための熱処理が必要になります。つまり、イオン注入＊と結晶回復のための熱処理はふたつで一組のプロセスです。前章の洗浄と乾燥のようなものです。

ちなみにイオン注入される領域はシリコンの厚さに比較するとごく表面です。深くても1～2μmほどです。イオン注入後の結晶回復処理もその領域を行うわけです。実際のイオン注入はレジストマスクを介して行います。これを形成したり、除去したりするのは第5章のリソグラフィプロセスやアッシングプロセスを用います。以上述べたイオン注入法のフローの例を図表4-1-2に示します。

＊**イオン注入**　英語でIon Implantationなので、イオン・インプランテーション、略してイオン・インプラと呼ぶ場合もある。
＊**ハードマスク**　シリコンの酸化膜や窒化膜が使用される。もちろん、パターニングはリソグラフィとエッチングを用いる。レジストが熱などで持たない場合に使用される。

　もちろん、レジストを用いないで**ハードマスク***を利用する場合もあります。また、セルフアラインでソース・ドレインを形成することもあります。

イオン注入法と拡散法の比較（図表 4-1-1）

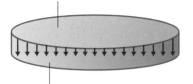

1.プレデポ：表面に不純物層を形成

2.ドライブイン：必要な深さまで拡散

1.イオン注入：表面に不純物の
　　　　　　　イオンを打ち込む

2.熱処理：イオン注入後
　　　　　の結晶性回復

拡散法
- ・熱処理炉があれば充分
- ・不純物が限定？
- ・長時間の処理が必要

イオン注入法
- ・ウェーハのスキャンが必要
- ・大掛かりな真空装置が必要
- ・装置による使い分けが必要
- ・不純物の選択が多様
- ・結晶の回復処理が必要

注）図は便宜上、ウェーハ面内の一部に拡散したり、イオン注入するものになっているが、
　　実際は全体的に行う。

イオン注入法のプロセスフロー（図表 4-1-2）

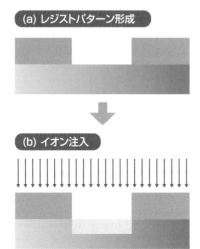

(a) レジストパターン形成

(b) イオン注入

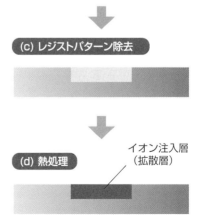

(c) レジストパターン除去

(d) 熱処理

イオン注入層
（拡散層）

高真空が必要な
イオン注入プロセス

　n型、p型の不純物領域を作るにはそれらの不純物をイオン状態にして、シリコン基板に打ち込むことが必要です。それを行うのがイオン注入装置です。そのためには高真空室とイオンの加速部が必要です。

▶▶ イオン注入装置とは？

　イオン注入装置の概要を図表4-2-1に示します。イオン注入装置は大きく分けてイオン源、質量分離部、加速部、ビーム走査部、イオン注入室から成ります。簡単に説明するとイオン源は不純物のガス分子に電子を衝突させて、所望のイオンを生成させるところ、質量分離部は不要なイオン（例えば、所望の不純物以外のイオンや多価イオンなど）を電場と磁場の作用を利用して除去し、必要なイオンだけを取り出すところです。これは質量分析器の原理と同じです。多価イオンとは例えば、P（リン）のイオンは一価のP+や二価のP++も存在することをいいます。通常は一価のイオンを用います。加速器はイオンをシリコンに打ち込むエネルギーを高電圧印加により与えます。ビーム走査部はイオンビームを整形して、ウェーハ全体に打ち込むためのビームをスキャンする機能を有します。イオン注入室はウェーハを載せたディスクプレートが挿入されており、ここでウェーハにイオンが打ち込まれます。以上のようにイオンの状態でウェーハに照射するのでイオン注入装置には高真空が必要になり、その仕様を満たす真空ポンプが用いられます。

▶▶ イオンビームのスキャンはどのようになっているか？

　ビームは大きくできませんので、ウェーハ全体にイオン注入を行うにはビームを前述のようにウェーハに対してスキャンするか、ビームに対してウェーハをスキャンするかのどちらかです。前者にはラスタースキャンという方法が知られていました。これは電子線の走査に使用される方法で、ブラウン管や走査型電子顕微鏡（いわゆるSEM*）などに応用されてきた方法です。このようにラスタースキャンはビームを一定の方向に繰り返し走査する方法なので、パターンのアスペクトレシオ

＊**SEM**　Scanning Electron Microscope の略。

が大きい場合では打ち込みの角度が一定なので、打ち込みむらが出るといわれました。また、ウェーハが大口径化するとウェーハ内の均一性が悪化します。従って、現在はあまり使用されていません。代わって、ビームを一定方向にスキャンし、ウェーハを直交するような形でスキャンする**ハイブリッドスキャン**という方法が用いられています。両者の比較を図表4-2-2に示します。

イオン注入装置概念図（図表 4-2-1）

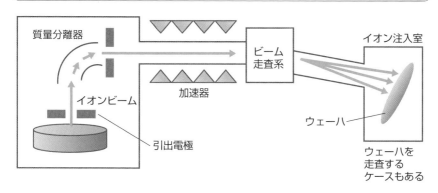

質量分離器

イオンビーム

引出電極

加速器

ビーム走査系

イオン注入室

ウェーハ

ウェーハを走査するケースもある

イオンビームの走査の方法（図表 4-2-2）

(a) ラスタースキャン

(b) ハイブリッドスキャン

ウェーハを直交する方向でスキャン

4-3

目的で使い分けるイオン注入プロセス

n型、p型の不純物領域は半導体デバイスでは様々な役割が期待されます。そのためには不純物の濃度も変わりますし、不純物領域（以下、拡散層と呼びます）の深さも異なります。それに対応した色々なイオン注入技術があります。

▶▶ 色々な拡散層

一口に拡散層といってもn型、p型の違いはもちろんのこと、その深さや不純物濃度が異なります。それは半導体デバイスの動作や機能を説明しないとわかりにくいかも知れませんが、ここでは図表4-3-1にCMOSロジックトランジスタの例で示したような拡散層があるとご理解ください。**CMOS**＊では図のようにn型トランジスタとp型トランジスタが並んで作られています。図中のソースとドレインが拡散層で、ゲートはトランジスタを動かすスイッチのようなものです。ウェルとは英語で井戸の意味でシリコンウェーハに含まれる不純物とは異なる型や濃度の不純物の拡散層のことです。その他にもトランジスタをスイッチさせるときの電圧（ゲート電圧）を調整する閾値（しきいち）調整イオン注入（V$_{th}$＊アジャストともいいます）やゲート周辺に打ち込むポケットイオン注入、STI＊と図に記した素子分離領域に打ち込むチャンネルストップイオン注入など色々なイオン注入プロセス・拡散層があります。

▶▶ 加速エネルギーやビーム電流が異なるイオン注入プロセス

このような拡散層(イオン注入領域）は不純物の濃度や拡散の深さ（接合の深さ）が異なります。それにはイオン注入装置の加速のエネルギーで拡散層の深さを、イオンのビーム電流（イオンのドーズ量に相当します。ドーズとは投薬するという意味です）で不純物濃度を制御して行います。例えば、ウェルは接合が深いので充分な加速エネルギーが必要ですし、ソース・ドレインは高濃度の不純物が必要です。それぞれに適した専用の装置もあり、大きく分けて、高エネルギー、高電流（高ドーズともいいます）、中電流（中ドーズともいいます）の3つのグループに分けられま

＊**CMOS** Complementary Metal Semiconductor Oxideの略。図のようにn型、p型トランジスタがそれぞれの負荷になるように形成され、省電力化が図られる。第9章のプロセスフローで触れる。

＊**V$_{th}$** しきい値をThreshold Voltageと英語でいうので、その略語から来ている。

＊**STI** 8-7の脚注参照。

す。それらの目安を図表4-3-2に示しておきます。大雑把に高エネルギーがウェル、高電流がソース・ドレイン、中電流がその他と考えてください。特に微細化に伴い、高電流で低エネルギーのイオン注入がソース・ドレインには求められます。

最後になりますが、イオン注入法に代わるドーピング法としてプラズマドーピングやレーザドーピング法が以前より研究開発されてきました。まだ、実用化には到っていませんが、前者は側面にもドーピング可能という利点を生かし、トランジスタ構造が三次元化される場合に実用化が検討されるかも知れません。また、後者はレーザでシリコンを溶融しながら、ドーピングを行うので活性化のための熱処理が不要であるという利点があります。

色々な拡散層—CMOSロジックの例（図表 4-3-1）

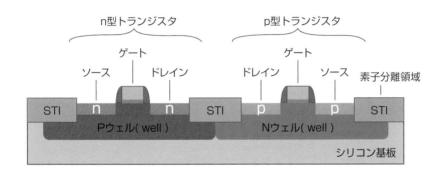

色々なイオン注入プロセスと装置（図表 4-3-2）

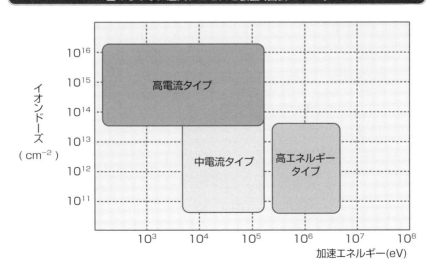

4-4
イオン注入後の
結晶回復処理とは

イオン注入後のシリコンウェーハのシリコン結晶格子は注入されたイオンにより、ダメージが入っていますし、打ち込まれたイオンも正しい位置である格子点に配置する必要があります。それが結晶回復熱処理です。

▶▶ シリコン結晶格子とは？

まず、シリコンの結晶の格子をイメージしてみましょう。シリコンは単結晶ですから、シリコンの原子が規則正しく配列されています。図表4-4-1にそのイメージを示します。しかし、これだとシリコンだけですので、電気が流れにくい状態です。ここに不純物を打ち込んで、電気を流れやすくするのが**イオン注入**（不純物の"ドープ"ともいいます。ドープはオリンピックなどで行うドーピング検査と同じ言葉から来ています）です。つまり、図の右側のようにするのが熱処理も含めたイオン注入技術です。より高次な概念でいいますと**不純物ドーピング技術**ともいいます。ここで打ち込んだ不純物原子はシリコンの結晶の格子と入れ替わっていることに注目してください。ドーピングした不純物原子がシリコン原子と置き換わることでn型の不純物となり、またはp型の不純物となるわけです。不純物のイオンがシリコン結晶の格子の間にあっても意味がありません。

これらの不純物原子が、シリコンと共有結合するわけですが（シリコンの格子点に入ることを意味します）、電子がシリコンよりひとつ多い不純物の場合がn型、電子がひとつ少ない不純物の場合p型になります。従って、n型の不純物になるのがP（リン）やAs（砒素）などで、p型の不純物になるのはB（ボロン、または硼素）などということになります。それを図表4-4-2に示しておきます。

▶▶ 不純物原子の役割

第1章で電気を流しやすい性質のものを導電体、逆に電気を流さない性質のものを絶縁体といい、半導体とはちょうどその中間の性質を示すものと説明しましたが、**真性半導体**＊では電気を流す効果が非常に少ないと考えてください。それを電

＊**真性半導体**　意図的に不純物を添加していない状態の半導体のこと。

気が流れやすくするのが不純物の役割です。n型のひとつ多い電子、p型のひとつ
足りない電子がその役目を担っています。

　なお、不純物とは英語のimpurityを訳したものと思われますが、“不純”といいま
すと悪いイメージですが、そうではなく、ここでは役に立つものであり、いいイメー
ジです。言葉というものは難しいものと思います。

第4章　イオン注入・熱処理プロセス

シリコンの格子に不純物がドーピングされた例（図表 4-4-1）

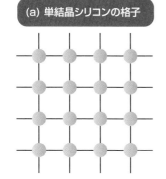

(a) 単結晶シリコンの格子

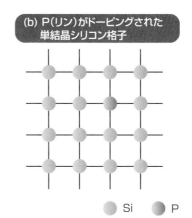

(b) P（リン）がドーピングされた
単結晶シリコン格子

● Si　　● P

シリコンに注入される不純物の例（図表 4-4-2）

			i 型				
		p型	（真性半導体）	n型			
I	II	III	IV	V	VI	VII	VIII
H							He
Li	Be	B	C	N	O	F	Ne
Na	Mg	Al	Si	P	S	Cl	Ar
K	Ca	Ga	Ge	As	Se	Br	Kr

Si

p型：電子がひとつ少ない

n型：電子がひとつ多い

Si

共有結合の
手を四本持つ

4-5

色々な熱処理プロセス

イオン注入した後のシリコン結晶は格子が乱れています。それを回復して、打ち込んだ不純物原子を格子点に配列させる必要があります。結晶回復の熱処理プロセスは色々な手法があります。ここではそれを解説します。

▶▶ 結晶を回復させるには

単結晶シリコンにイオンが注入されますと、シリコンの格子がイオンの衝撃で乱れてしまいます。また、注入されたイオンもシリコンと置き換わっているわけではありません。結晶の回復にはシリコンの原子や不純物の原子が熱によって、図表4-5-1に模式的に示すようにシリコン単結晶内で移動し、シリコンの格子点に収まることが必要です。これを固相拡散といいます。シリコンウェーハのそれには温度を上昇させる必要があります。それが熱処理です。

▶▶ どんな方法で行うか？

大きく分けて、ウェーハは全体を加熱するバッチ式の**炉心管方式**と枚葉式の**RTA**＊と、不純物が注入されたシリコンの表面だけを加熱する**レーザアニール**の3つの方法があります。ここではウェーハ全体を加熱する炉心管方式とRTAの比較をします。レーザアニールについては次節で説明します。それぞれ、図表4-5-2に示します。炉心管方式は第7章の成膜に出てくるホットウォール型の熱**CVD**＊装置と同じ構成です。もちろん、膜を付けるわけではありませんので、膜の材料ガスは用いずに雰囲気ガスとして窒素や不活性ガスを用います。RTAは赤外線（800nm以上の波長）を出すランプ（ハロゲンランプなど）を用いますが、シリコンは赤外線を吸収しやすいので、ウェーハ全体で吸収し、温度が上がるのが速いことがメリットです。それでRapidという名前が付いているわけです。炉心管型は一度に大量のウェーハを処理できますが、ウェーハを一気に高温にすることはできませんので1回の処理に数時間というレベルの処理時間を要します。対してRTAは10秒程度の時間で加熱でき、1枚のウェーハの処理に昇降温も含めて1分程度の処理時間ですので、最近はRTAが主流になっています。

＊**RTA** Rapid Thermal Annealingの略。広く捉えてRTP（Rapid Thermal Process）という場合もある。
＊**CVD** Chemical Vapor Depositionの略。

結晶性回復の模式図（図表 4-5-1）

(a) イオン注入後の単結晶シリコンの格子

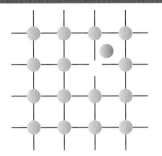

(b) 熱処理後の単結晶シリコン格子

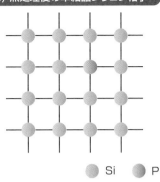

○ Si ○ P

第4章 イオン注入・熱処理プロセス

熱処理装置概念図（図表 4-5-2）

(a) 炉心管
バッチ式

(b) RTA方式
枚葉式

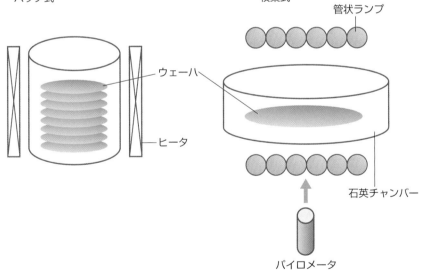

管状ランプ

ウェーハ

ヒータ

石英チャンバー

パイロメータ
（高温用温度計）

最新のレーザアニールプロセス

ここでは前の節で紹介した熱処理プロセスのうち、最新のレーザプロセス技術を解説します。シリコン半導体だけではなく、色々な応用もあることも述べます。

▶▶ レーザアニール装置とは？

図表4-6-1にレーザアニールの概要を示しておきます。レーザ光源は**紫外線**（400nm以下の短波長）を用います。このプロセスが実用化されつつある背景にはTFT＊プロセスで一部実用化されているアモリファスシリコンのレーザ結晶化に紫外線レーザが使用されたという実績があります。紫外線レーザは希ガスとハロゲンガスを用いるガスレーザである**エキシマレーザ**（例えば、XeCl:308nm）が主流でしたが、最近はYAGレーザなどの**固体レーザ**なども検討されています。参考までに述べますとブルーレイレコーダーは405nmの波長の青色レーザを用いていますが、出力は小さいものです。図表4-6-1ではエキシマレーザの例ですが、エキシマレーザ光を光学系でビームを絞り、かつエネルギーが均一になるようにビームホモジナイザーで整形してウェーハに照射します。通常はウェーハをスキャンします。この方法はアモルファスシリコンのレーザ結晶化で用いられているものと同じです。

▶▶ レーザアニールとRTAの違い

これに対して、RTAは前述のように**赤外線**（800nm以上の波長）を用います。シリコンは赤外線を吸収しやすいので、ウェーハ全体で吸収し、温度が上がるのが速いことがメリットです。また、光源はランプを用いるため、複数のランプを用いてウェーハに均一に照射されるようにすることができるところもメリットです。対して、レーザアニールはビームサイズに限界がありますので、どうしてもウェーハ上をスキャンさせることになります。スループットという面ではRTAに比較しますと不利になります。ただ、紫外線レーザはシリコンのごく表面でしか吸収されません。従って、ごく表面だけが溶融し、再結晶化するので急峻な不純物プロファイルを作ることができます。今後の微細化に伴う**極浅接合**には適していると考えられていま

＊TFT　Thin Film Transistorの略。薄膜トランジスタとも言われている。TFTの役割は例えば、LCDの液晶を駆動するスイッチのようなもの。

す。両者の比較を図表4-6-2に示しました。不純物プロファイルに関しては次節で述べます。

　余談になりますが、TFTの場合、アモルファスシリコンでもLCDパネルが問題なく駆動できていますので、レーザー結晶化は、あまり実用化されていません。一方、シリコン半導体でレーザアニールを実用化してゆくとなれば面白いと思います。

レーザアニールの模式図（図表 4-6-1）

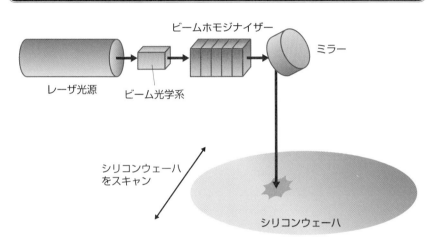

レーザアニールとRTAの違い（図表 4-6-2）

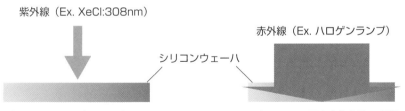

4-7

LSI製造とサーマルバジェット

LSIは色々な材料、とりわけ配線材料を用いますので、不純物領域を形成した後はむやみに温度を上げますと、不純物領域のプロファイルが崩れるという問題もあります。料理をする際に火加減や温度に注意するのに似たところがあります。

▶▶ 不純物のプロファイルとは？

イオン注入で作る**拡散層**はイオン注入や熱処理の条件をきちんと押えて、その深さを決めます。特にトランジスタのソースやドレインの拡散層の深さ（**接合の深さ***ともいいます）はトランジスタの性能を決める重要なパラメータで、スケーリング則に従うものです。それゆえにその後の温度の負荷で拡散層の深さが変わる（再拡散といいます）ということは避けなければなりません。**不純物のプロファイル**が崩れるということを図で示すと図表4-7-1のようになり、その後の熱処理で拡散層の深さが変わり、トランジスタの性能が設計どおりに発揮できないということを示しています。従って、前工程での熱処理は充分な注意を払ってプロセスが組み立てられています。

▶▶ 半導体に用いられる材料の耐熱性とサーマルバジェット

上述のように前工程での熱処理はそれなりの設計値があり、それを超えると不純物のプロファイルが崩れてしまいます。つまり、ある値以上の温度負荷をかけてはならないということです。同じことは材料についてもいえます。LSIでは色々な材料が用いられます。とりわけ、バックエンドでは配線材料や層間絶縁膜の材料がLSIの発展とともに増えてきました。例えば、アルミニウムの融点は500℃程度なので、アルミニウム配線を用いたバックエンドのプロセスは500℃以下（実際は余裕を見て400℃以下とかにします）で行う必要があります。しかし、シリコンの融点は1000℃以上ですし、ガラスの軟化点やシリコンの固相拡散も800℃くらいの温度です。従って、配線材料を用いないフロントエンドは500℃以上でも問題ありません。それを図表4-7-2にまとめておきます。このように前工程では温度管理が重要です。これを**サーマルバジェット**といいます。通常は温度×時間で考えられてい

*接合の深さ　スケーリング則のパラメータのひとつであることは図表2-1-1参照。

います。バジェットとは日本語で予算"と訳されますが、ここでは余裕度といった意味
合いです。

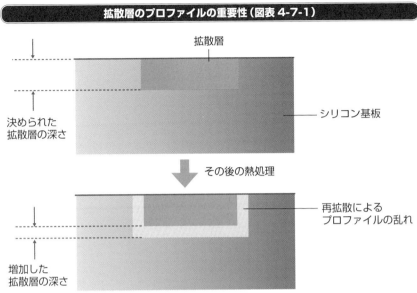

拡散層のプロファイルの重要性（図表 4-7-1）

拡散層

シリコン基板

その後の熱処理

決められた
拡散層の深さ

再拡散による
プロファイルの乱れ

増加した
拡散層の深さ

注）拡散は横方向にも進むので、拡散層の面積も大きくなる。

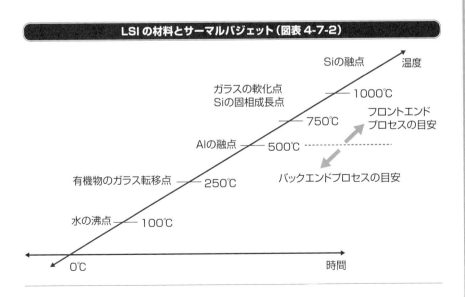

LSI の材料とサーマルバジェット（図表 4-7-2）

Siの融点　温度

ガラスの軟化点
Siの固相成長点　1000℃

750℃　フロントエンド
プロセスの目安

Alの融点　500℃

有機物のガラス転移点　250℃　バックエンドプロセスの目安

水の沸点　100℃

0℃　時間

memo

第5章

リソグラフィ
プロセス

この章では半導体微細化技術を牽引してきたリソグラフィ
技術について触れます。リソグラフィ技術の歴史的背景から最
近の液浸露光、ダブルパターニング、EUV露光技術まで触れ
てゆきます。もちろん、レジストや現像、アッシングなどの周
辺技術についても触れます。

5-1

下絵を描くリソグラフィプロセス

リソグラフィプロセス自体でLSIに形が残るわけではありません。絵画でいえば、デッサン、下絵を描くようなものです。そのプロセスを解説します。

▶▶ リソグラフィプロセスとは？

日光写真で子供の頃に遊んだことはおありでしょうか？ 葉っぱをガラスで印画紙に押さえつけ、太陽の光にさらすと葉っぱの形が印画紙に写るというものです。**リソグラフィ***もこれと似た原理です。通常、光（可視光から紫外光）を使用するので、光を表すフォト（Photo）という言葉を入れてフォトリソグラフィ（Photo Lithography）といいますが、ここではフォトリソグラフィを単にリソグラフィと呼んで話を進めます。リソグラフィの構成要素は図表5-1-1に示しますように露光装置、感光体であるレジスト、原画であるマスク（これも光をあらわすフォトを先に付けて、フォトマスクと呼ばれますが、ここではマスクとします）です。もちろん、レジストを塗布したり、現像したりするプロセスもありますが、それはここでは除いています。

▶▶ リソグラフィプロセスの流れ

図表5-1-2にリソグラフィプロセスの流れをエッチングやアッシングも含めて示します。昔はエッチングと同様、アッシングも5-8で述べるようなドライプロセスではなく、ウェットで行われていましたので、アッシングはエッチングの後工程というイメージもありました。また、リソグラフィとエッチングを合わせて、フォトエッチングと呼んでいた時代もありました。フォトとはフォトリソグラフィの略です。

フローを説明しますと、まず、被エッチング物となる薄膜の上にレジストを塗布します。これは5-6で述べる塗布装置（コーター）を使用します。その後、レジストに含まれている溶媒を除去するために、**プレベーク***を70〜90℃くらいで行います。その後、マスクのパターンを**露光装置**でレジストに描画します。露光装置については5-3で述べます。更に現像を行い、必要なレジスト膜だけを残します。その後、現像液やリンス液成分を完全に除去し、被エッチング物との密着性を増加させ

***リソグラフィ**　リソグラフ（Lithograph）といわれる石版印刷技術が語源といわれている。
***プレベーク**　本によってはプリベークと書いてあるものもある。

るため、**ポストベーク**を100℃程度で行います。なお、プレベークをソフトベーク、ポストベークをハードベークと呼ぶこともあります。

　ここまでが一連のリソグラフィのフローになります。ここまで述べたようにリソグラフィとはレジストの像を作るだけです。その意味で下絵とかデッサンがリソグラフィに当たると説明しました。実際の絵にするためのプロセスとなるエッチングやアッシングについてはそれぞれ別のところで説明します。

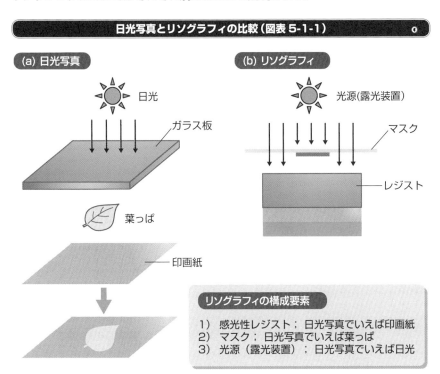

日光写真とリソグラフィの比較（図表5-1-1）

(a) 日光写真

日光

ガラス板

葉っぱ

印画紙

(b) リソグラフィ

光源(露光装置)

マスク

レジスト

リソグラフィの構成要素

1) 感光性レジスト；日光写真でいえば印画紙
2) マスク；日光写真でいえば葉っぱ
3) 光源（露光装置）；日光写真でいえば日光

▶▶ リソグラフィは引き算のプロセス

　リソグラフィに代表される半導体プロセスは、よく"引き算のプロセス"とたとえられます。ウェーハ全体にレジスト膜を形成してから、露光・現像処理で不要な部分を除去するので、"引き算"にたとえられるわけです。これに対して、インクジェット法などを用いて必要なところにのみ、パターンを形成するようなプロセスを"足し算"のプロセスと呼びます。両者に一長一短があり、それを図表5-1-3に比較して

5-1 下絵を描くリソグラフィプロセス

おきます。半導体プロセスは大量生産に適した現行のリソグラフィプロセスが用いられているのが現状です。

リソグラフィのプロセスのフロー（図表 5-1-2）

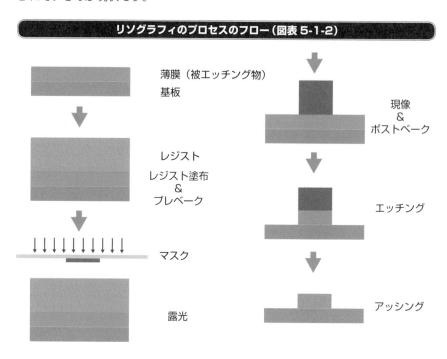

薄膜（被エッチング物）
基板

レジスト
レジスト塗布
&
プレベーク

マスク

露光

現像
&
ポストベーク

エッチング

アッシング

引き算と足し算のプロセス（図表 5-1-3）

	引き算のプロセス	足し算のプロセス
手法	リソグラフィ技術	インクジェット技術
模式図	全体にレジスト形成後にパターン化	インクジェットノズル オンデマンドにパターン化
課題	装置・プロセスの高コスト化など	量産に見合うスループットなど

リソグラフィプロセスは写真が基本

> リソグラフィプロセスの原理はフィルムカメラの原理とも似ています。"写真工程"といわれていた時代もありました。

▶▶ 日光写真と同じコンタクト露光

　前項で述べたようにリソグラフィは日光写真と比較すると判りやすいと思います。さて、写真でもベタ焼きと称する、ネガフィルムと同じ大きさで焼き付けたものとプリント紙にネガフィルムを引き伸ばして焼き付けたものがあります。リソグラフィも同様に等倍で焼き付ける**コンタクト露光法**と、写真とは逆に縮小して焼き付ける**縮小投影露光法**があります。

　コンタクト露光法は図表5-2-1に示すようにマスクを、レジストを塗ったウェーハに直接コンタクトさせ、露光する方法です。つまり、日光写真と同じ方法です。この方法のメリットは露光装置の光学系がシンプルで低価格で済むということです。デメリットはマスクをレジストにコンタクトさせるために、マスクにウェーハ上のゴミが付きやすい、場合によってはウェーハ上の突起などでキズが付いてしまうということです。また、マスクはウェーハをカバーする領域全部のパターンを形成する必要があり、しかも、マスクの最小寸法はウェーハに焼き付ける最小寸法と同じ技術で作らなければならないということです。マスクを一旦ウェーハにコンタクトさせた後、所定のギャップ（図中にはナローギャップと表記）を設ける方法を**プロキシミティー法**と呼びますが、本質的にはコンタクト露光と変わりません。

▶▶ 縮小投影のメリット

　上記のコンタクト露光の問題を解決すべく、実用化されたのが縮小投影露光法です。図表5-2-2に示したように**マスク***のパターンを光学系で縮小してウェーハ上に焼き付ける方法なので、マスク上へのゴミの付着やキズが付くというような問題は起こりません。また、通常、1/4か1/5に縮小*しますので、マスクの最小寸法はレジストに焼き付ける最小寸法より大きな倍率で作れるというメリットもあります。ただ、縮小して焼き付けるため、コンタクト露光法のように1回でウェーハに焼

***マスク**　縮小投影法ではマスクと呼ばすにレチクルという場合が多い。
***縮小**　　初期の段階では1/10のものが多かった。

き付けることはできません。ウェーハとマスクを相対的に動かしてウェーハ全面に焼き付けるという方法を取ります。マスクとウェーハの相対的な動きに関してはレクチルをワンショットずつ露光する**ステップ&リピート法**と全体をスキャンする**スキャン法**があります。現在は後者が主流です。

　その他にパターンの画像をデータ化して電子線の描画装置を用いて、直接レジストに焼き付ける電子線（**EB***）直描法という方法もありますが、量産で使用されることはないので、ここでは省略します。

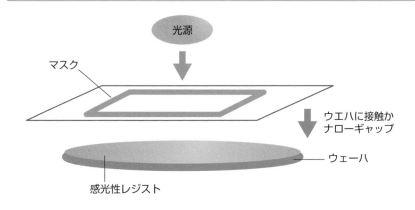

コンタクト露光の概要（図表 5-2-1）

光源

マスク

ウエハに接触か
ナローギャップ

ウェーハ

感光性レジスト

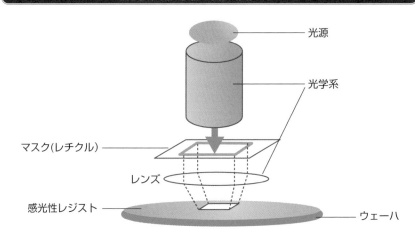

縮小投影露光装置の概要（図表 5-2-2）

光源

光学系

マスク(レチクル)

レンズ

感光性レジスト

ウェーハ

＊**EB**　Electron Beamの略。

微細化を発展させた露光技術の進化

微細化を進めるには光の短波長化が必要です。より細いペンで精密な絵を描くようなものです。それに合う光学系と感光性レジストの開発が必要になります。

▶▶ 解像度と焦点深度

リソグラフィによる微細化の話をする際には "**解像度**" という概念をまず理解する必要があります。解像度は身近で使用するプリンターやデジカメ*の仕様にもなっていますが、どれくらいの最小寸法を再現できるかと言い換えられると思います。

リソグラフィプロセスで用いられる波長域での解像度は、光学的に図表5-3-1に示されるような形になります。これを**レイリー** (Rayleigh) **の式**といいます。ここで解像度を向上させようと思えば、露光波長の**短波長化**とレンズ系の**NA**を向上させる必要があることがわかります。その他に**kファクター**を小さくすることも重要です。**kファクター**はリソグラフィプロセス起因のファクターで、用いるレジストをはじめ、周辺のパラメータの相乗効果で小さくすることが可能になります。後で簡単に述べる超解像技術はこの**k**ファクターを小さくするものです。

それと**焦点深度**という問題に触れておかなければなりません。これはピントの合う奥行きと考えればよいでしょう。焦点深度が大きければ、その分だけ、ウェーハ表面に段差があっても、段差の上下で転写パターンに差はありませんが、小さければ問題になります。問題なのは解像度を上げるとこの焦点深度は式に示すように小さくなるということです。このことは第8章で扱うCMP技術の台頭になりました。

▶▶ 光源と露光装置の歴史

解像度を向上させるには露光波長の短波長化が必要であるということはお分かり頂けたと思います。解像度の向上は**光源**の開発 (およびそれに感光するレジストの開発)、光学系の開発といえます。レジストについては5-5で説明します。ここでは図表5-3-2に示すように露光光源の歴史に触れておきたいと思います。図に示すように1μmからサブミクロンの時代は高圧水銀ランプの**g線** (g-line) が使用されてきました。その後、ハーフミクロンからサブハーフミクロンは同じ高圧水銀ラン

---

*デジカメ　厳密にいえば、画素数。

プの**i線** (i-line) が使用されます。それ以降、0.35μmや0.25μm以下では**KrF エキシマレーザ**の246nm、更に0.1μmを切る90nmノードからはArFエキシマレーザの193nmが使用されるようになり、更に現在は、ArF液浸やダブルパターニングの時代になっています。それらについては後で説明します。見ておいて頂きたいのは、KrF時代の頃から用いる波長より短い寸法のパターンを解像することになったことです。これは**超解像技術***などの進歩によるものです。

リソグラフィの解像度と焦点深度 (図表 5-3-1)

解像度： $R = k\dfrac{\lambda}{NA}$ （レイリーの式）

λ ：露光波長
NA ：レンズの口径(NA：Numerical Aperture)
k ：プロセスに依存するファクター(因子)

解像度を向上させるには

1) λの短波長化→ 光源
2) NAを大→ レンズ系の改良
3) kファクタの改善→ レジストの改良、その他の超解像技術

焦点深度： $DOF = k\dfrac{\lambda}{(NA)^2}$ → 解像度を上げるためにλを小さくし、NAを大きくすると焦点深度が小さくなる

注) DOF: Depth of Focus

露光光源の歴史 (図表 5-3-2)

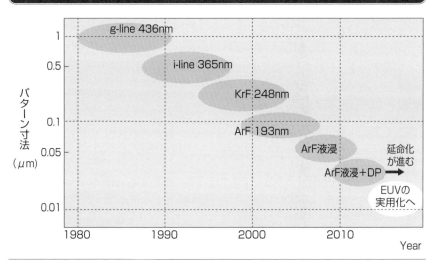

***超解像技術** 次頁の位相シフトマスクやOPCなどが代表例。

5-4

マスクとペリクル

感光性レジストに光を照射する工程を露光といいますが、その際に半導体デバイス
として動くためにはマスクでパターンを転写する必要があります。

▶▶ マスクとは？

今までの話からわかりますように、リソグラフィはマスクのパターンを忠実にレジ
ストに**転写**することですから、マスクに欠陥があるとそれはすべてレジストに転写さ
れてしまうということになります。図表5-4-1に示すようにマスクは光透過基板であ
る石英上にクロム (Cr) で**遮光部**を作り、所定のパターンを形成しています。図のよ
うにこのクロムに欠陥があったり、キズがあったり、ゴミやパーティクルが付いたり
するとパターン不良を起こし、半導体デバイスの歩留まりを低下させることになり
ます。マスクの作製、検査、管理は前工程ラインの重要な課題です。また、微細化に
ともなって**位相シフトマスク***や**OPC***などマスクの構造も複雑になっています。

その意味でもマスクの作製・管理は重要です。このマスクは専業のメーカに外注
するのが一般的です。

▶▶ ペリクルとは？

ペリクルとは聞き慣れない言葉かも知れません。これはフォトマスク上のパー
ティクルによる**パターン欠陥**を防ぐものです。図表5-4-2に示すようにマスク上の
数ミリのところに枠を介して薄い透過性のペリクルの膜を張り、パーティクルが
あったとしてもペリクル上なら構わないという考えです。パーティクルがあったと
してもマスクとペリクルが離れていますので、焦点がペリクル上では合わないので
感光性レジストに転写されることはありません。このペリクルは縮小投影露光方式
のリソグラフィ工程では重宝されています。

▶▶ 重ね合わせ

マスクには半導体デバイスを形成するための所定のパターンが形成されていま
す。第1章でも述べましたが、前工程ではパターンを繰り返し、繰り返し形成してゆ

***位相シフトマスク** マスクに特殊な加工を施して、露光光の位相を180度反転して、解像度を向上させること。
* **OPC** Optical Proximity Effect Correctionの略。マスク上にパターン補正用の補助パターンを形成し、
光の近接効果を抑え、解像度を向上させる

さます。それだけ、半導体デバイスが複雑ということです。したがって、半導体デバイスを作るまでは何十枚ものマスクが必要ということになります。ひとつのマスクで形成するパターンを**レイヤー**と呼びます。版画が1枚の紙に多数の重ねた絵で構成されているようなものです。そのために露光装置の**重ね合わせ**の機能が重要です。特に量産ラインでは色々な露光装置が使用されますので、装置が変わっても重ね合わせ精度が良好であることが求められます。これを**ミックスアンドマッチ**（Mix & Match）と呼びます。ついでながら、申しておきますと5-3の図表5-3-2に出てきたArF液浸のような最先端の露光装置がすべてのレイヤーで使用されるわけではありません。ラフなパターンのレイヤーはいまだにi線露光装置などが使用されています。

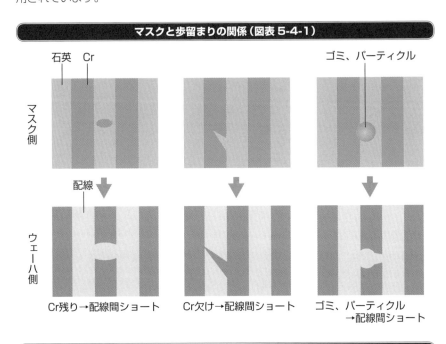

マスクと歩留まりの関係（図表5-4-1）

石英　Cr

ゴミ、パーティクル

マスク側

配線

ウェーハ側

Cr残り→配線間ショート　　Cr欠け→配線間ショート　　ゴミ、パーティクル→配線間ショート

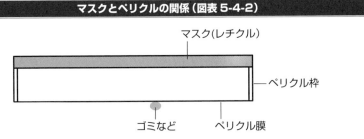

マスクとペリクルの関係（図表5-4-2）

マスク（レチクル）

ペリクル枠

ゴミなど　　ペリクル膜

5-5

印画紙に相当する感光性レジスト

マスクのパターンをウェーハに転写するにはウェーハ上に形成した感光性レジスト
に露光により転写します。感光性レジストは写真の印画紙に相当します。

▶▶ レジストの種類

スチールカメラ（銀塩写真）でもネガ、ポジという言葉があり、聞いたことのある
方も多いかと思います。リソグラフィで用いる**レジスト**にも**ネガ型**、**ポジ型**が存在
します。図表5-5-1に示すようにネガ型は光が当たったところが像として残り、ポ
ジ型は光が当たらなかったところが像として残るものです。従って、マスクはネガ
型のレジストを使用する場合とポジ型のレジストを使用する場合は陰陽が逆になり
ます。

▶▶ 感光のメカニズム

感光のメカニズムはネガ型とポジ型ではまったく異なります

ネガ型の場合は感光体＋重合体（ポリマー）という形の構造であり、光が当たる
と更に**光重合**（ポリマー化）が進み、現像液である有機溶媒に不溶化するものです。
つまり、光照射部が像として残ります。ポジ型の場合は例として図表5-5-2に示し
ますが、**感光体**はナフトキノンジアジドであり、これにノボラック樹脂が結合した
形です（図では樹脂は省略してあります）。これに光が照射されると窒素が脱離し
て、図の真ん中のケトン構造になり、アルカリ水溶液で現像すると水溶性のインデ
ンカルボン酸になり、除去されます。つまり、光が照射されなかったところが像とし
て残ります。

ネガ型とポジ型を比較すると、ネガ型は重合反応を用いるため、解像度の点では
不利で、先端プロセスではポジ型が使用されることが多くなっています。

これらのレジストは通常は単層で用いられます。開発段階では解像度を上げるた
めに多層レジストなどを使用した時代もありましたが、今はあまり使用されていま
せんので、ここでは省略します。

化学増幅型レジストとは？

最後に**化学増幅型レジスト**について触れておきます。図表5-5-3に示すように化学増幅型レジストの場合は**酸発生剤（PAG*）**を用い、露光により発生した酸（図ではH+）がベース樹脂であるPHSを不溶性にしている溶解抑制剤（t-BOC）が化学変化し、ベース樹脂をアルカリ水溶性にする働きをし、分解してできた酸が更にPEB*時に働くという連鎖反応を利用するために高感度であるというメリットがあり、先端リソグラフィでは大いに用いられています。

レジストの種類（図表 5-5-1）

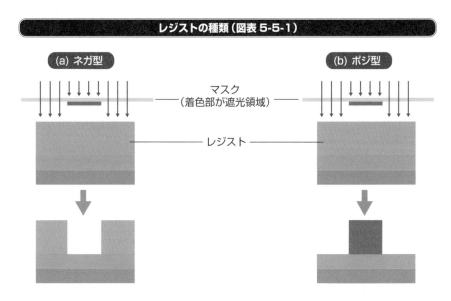

(a) ネガ型

(b) ポジ型

マスク
（着色部が遮光領域）

レジスト

ポジ型レジストのケミストリー（図表 5-5-2）

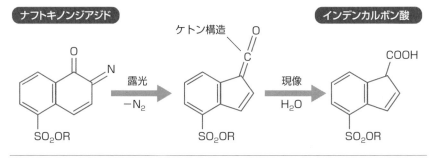

ナフトキノンジアジド

インデンカルボン酸

ケトン構造

露光
$-N_2$

現像
H_2O

SO_2OR

SO_2OR

SO_2OR

COOH

---

* **PAG** Photo Acid Generator の略。

* **PEB** Post Exposure Bake の略。露光後にベーキングしてレジスト形状を改善する。

化学増幅型レジストのケミストリー（図表 5-5-3）

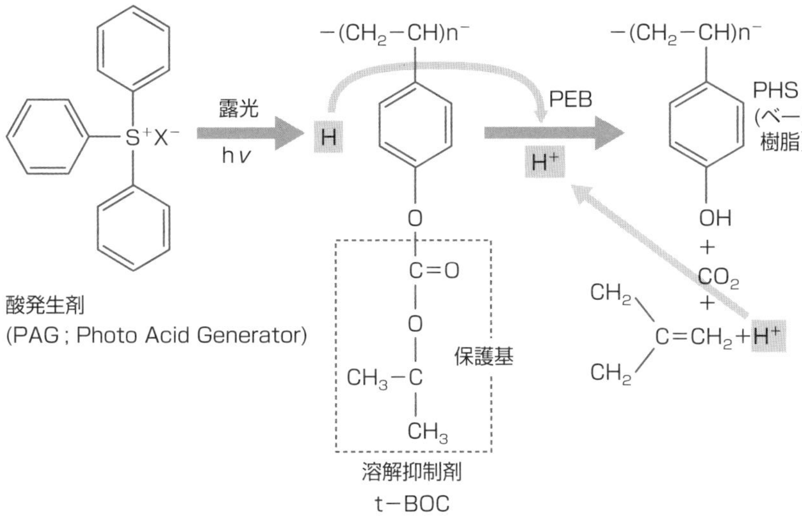
露光
hν
H
PEB
H^+
$-(CH_2-CH)n^-$
PHS
(ベース
樹脂)
OH
+
CO_2
+
CH_2
$C=CH_2+H^+$
CH_2
S^+X^-
酸発生剤
(PAG ; Photo Acid Generator)
O
C=O
O
CH_3-C
CH_3
保護基
溶解抑制剤
t−BOC

注）t-BOC：ターシャリー・ブトキシカルボニル（基）
PHS：ポリヒドロキシスチレン

上の図は以前のKrF用の化学増幅型レジストのケミストリーの例です。ここではベース樹脂であるPHSは、t-BOCと呼ばれる溶解抑制剤が添加されています。

ArFではPHSは193nmに強い吸収を有し、光透過性がないために樹脂はベンゼン環系とは別のメタクリル樹脂の側鎖に脂環基を導入したものを使用しています。このようにレジストは用いる光源で材料が変わってきます。5-3で述べたように微細化のために光源の短波長化が行われてきましたが、その光源に感光するレジストの開発も進められてきました。

話は変わりますが、半導体ファブのクリーンルームの視点から見ると感光レジストは短波長側の可視光に感光するため、リソグラフィのエリアは一般のクリーンルームから隔離され、感光性レジストが感光しない照明のゾーンになっています。人間の眼には黄色く見えるため、イエロールームとかイエローゾーンと現場で呼びます。また、露光装置は振動を嫌いますので、防振仕様が厳しくなっています。

5-6

レジスト膜を塗布するコータ

感光性レジストをウェーハ上に形成するにはどうすればよいでしょうか？　ここでは成膜プロセスの塗布工程と同じようにスピンコータで形成する方法について述べます。

▶▶ レジスト塗布プロセス

感光性レジストはウェーハ上に均一の膜厚で形成することが求められます。どのように形成するのでしょうか？　実際にはウェーハ1枚ずつ処理する枚葉式の装置が用いられます。具体的にはウェーハ表面を上向きに真空チャックで固定し、所定の量のレジストを滴下し、その後、高速回転させ、ウェーハ上で均一の膜厚にする**スピンコータ**（回転式塗布装置）が用いられます。図表5-6-1にその概要を示します。レジストの膜厚は回転数とレジストの**粘度**で調整します。もちろん、回転数が高ければ膜厚は薄く、レジストの粘度が高ければ膜厚が厚くなります。7-8も参考にしてください。

このような方法では材料である感光性レジストはほとんどが回転時に振り切られ、無駄であるという考えから、ガスを材料に用いてプラズマ重合のような方法でレジスト膜を形成できないかと模索された時代もありましたが、スピンコート法の処理能力が高く、プロセスも簡便なためか、この方法がすっかり定着しています。

▶▶ レジスト塗布の実際

レジストは空気中で放置すると乾燥して固形物になるので、ウェーハに塗布前には少量のレジストをノズルから捨てて、常に新鮮なレジストが滴下されるようにします。

また、ウェーハ上にレジスト膜が均一に塗布されることが必要ですが、ウェーハエッヂに少し膜厚が大きくなる部分ができます、これをエッヂビルトアップといいますが、これを低減するために**エッヂリンス**、また、ウェーハ裏面にまわり込むのを防ぐ、**バックリンス**機能が付いています。図表5-6-2にそれを示します。これらのリンス機能は図表5-6-1には図面の都合上、記していませんが、実際の装置に付いています。

　ウェーハの表面は親水性が高い場合があり、特にポジ型レジストがうまく塗布できない場合があります。このときはウェーハ表面を疎水性にするため、HMDS（ヘキサメチルジシラザン）という有機溶剤で処理します。

　レジスト塗布後は溶媒を飛ばすべく、プレベーク処理（ソフトベークともいいます）を行います。そのための加熱処理をするベークシステム（ホットプレートなど）がスピンコータに連続でインライン化されています。

レジストスピンコータ概念図（図表 5-6-1）

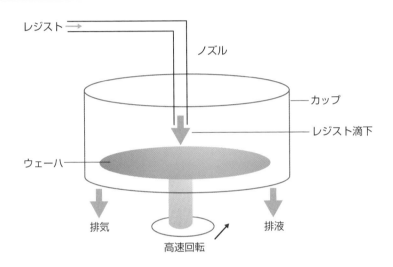

レジスト
ノズル
カップ
レジスト滴下
ウェーハ
排気
排液
高速回転

エッヂリンスとバックリンス（図表 5-6-2）

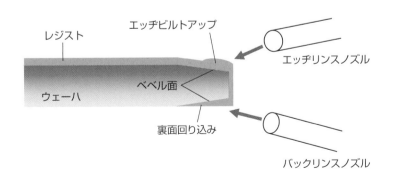

レジスト
エッヂビルトアップ
エッヂリンスノズル
ベベル面
ウェーハ
裏面回り込み
バックリンスノズル

＊ベベル bevelは"斜め"の意。機械工学分野では傘歯車のことをbevel gearという。ウェーハのこの部分は粗い仕上げになっている。

露光後に必要な現像プロセス

感光性レジストを露光した後に不要な部分を除去し、必要な部分を残す方法を現像といいます。この現象のメカニズムは写真とは少し異なります。

▶▶ 現像のメカニズム

現像という言葉はスチールカメラ（銀塩写真）でも使用しますが、リソグラフィの場合と少し異なります。いわゆるハロゲン化銀を感光体として用いる銀塩写真の場合は、露光によりハロゲン化銀に核を作り、それを現像プロセスで銀粒子に還元することで核を増幅して、像とします。このようにハロゲン化銀を用いる銀塩写真では最初に露光でできた核は非常に小さなものですから、"潜像" といいます。これに対して、リソグラフィの場合はネガ型レジストの場合は光で重合した部分が既に像になっており、ポジ型レジストの場合は光が当たった部分が水溶性になっており、光が当たらなかったところが像として残るというように現像で増幅処理を行うものではありません。露光により既に目で見える像ができておりますので、これを "**顕像**" といいます。リソグラフィの場合の現像はネガ型レジストの場合は光重合しなかった部分を除去する働き、ポジ型レジストの場合は光が当たった部分を溶解させる働き*をします。

▶▶ 実際の現像プロセスと装置

ネガ型レジストの現像液はキシレンや酢酸ブチル、ポジ型レジストの場合は水酸化アンモニウムなどを主に使用します。つまり、ウェットプロセスの一種です。微細化には前述のようにポジ型が好適なので、先端半導体ファブではポジ型のレジストに対する現像装置が使用されています。実際の現像装置は図表5-7-1に示すようにスピンコータと同じようなものです。ただ、現像した後にリンスする必要がありますので、現像液とリンス液のノズルが付いています。

また、5-6でも触れましたが、現像装置はスタンドアローンで存在するわけではなく、レジスト塗布装置、露光装置、現像装置とシステム化されて構成されています。この順にプロセスフローも流れますので、**インライン化**ともいいます。通常はレ

＊働き 銀塩写真でいうところの"定着"に似ている。

ジスト塗布装置から露光装置に入り、現像装置に帰ってくるシステムになっており、レジスト塗布装置に入る前のウェーハも現像装置から出てきたウェーハもドライ状態であり、これを洗浄と同様ドライイン・ドライアウトといいます。また、クリーンルームのスペースを有効に活用しようということで図表5-7-2（c）に示すような構成になっています。通常、レジスト塗布装置をコーター、現像装置をデベロッパーと称します。略してコーター・デベ（C/Dと略）と呼ぶ場合もあります。

現像装置の概念図（図表 5-7-1）

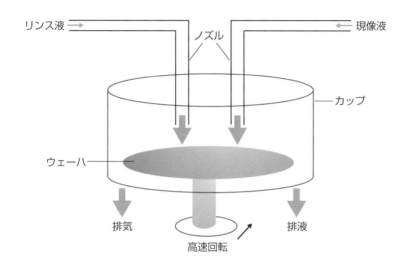

リンス液　⇒　　　　　　　　　　　　　　　⇐　現像液

ノズル

カップ

ウェーハ

排気　　　　　　　　　　　　　排液

高速回転

現像装置のインライン化（図表 5-7-2）

(a) スタンドアローン型　　**(b) インライン化**　　**(c) デッドスペースフリー化**

デッドスペース

C/D

C/D　　露光装置

露光装置

C/D

露光装置

第5章　リソグラフィプロセス

105

5-8

不要なレジストを除去する
アッシングプロセス

現像で残した感光性レジストをマスクとして、エッチングが行われます。エッチング
終了後はこのレジストは不要になりますので、アッシングというプロセスで除去します。

▶▶ アッシングプロセスのメカニズム

以前はエッチング後のレジストの除去はウェットプロセスで行われてきました。
当時はエッチングもウェットエッチングが主流で、レジストがエッチング時の変質
等でウェット処理により除去できないということはなかった時代です。その後、ド
ライエッチングが主流になり、エッチング時のダメージでウェット処理では完全に
除去しにくくなり、かつ、廃液処理などの問題からドライプロセスでレジストを除
去する動きになってきました。70年代の後半頃からです。このドライプロセスで
レジストを除去するのが、アッシング（ashing）です。アッシングは"灰化"とも呼
ばれ、文字どおり、不要になったレジスト自体は有機物ですので、酸素で燃焼して
"灰"にするという意味から来ました。

▶▶ アッシングプロセスと装置

アッシングプロセスは酸素プラズマを発生させて、プラズマ中の酸素ラジカルで
レジストの有機成分を図表5-8-1に示すように燃焼させるものといえます。そのプ
ロセスに用いる装置はエッチングの章で説明する真空チャンバーに酸素ガスを導入
し、プラズマを発生させるよう構成されています。ひとつの例として、ここでは図表
5-8-2にマイクロ波タイプのアッシング装置を示しました。これはプラズマを、マ
イクロ波（例えば、2.45GHz）を導入して発生させるタイプです。このメリットは
プラズマ発生チャンバーにエッチングの章で述べるような平行平板式と違って、電
極を設置しなくて済むことです。もちろん、平行平板式のアッシング装置もありま
す。アッシング装置は他の装置に比較して、世代の交代が激しくないというのも特
徴です。これはレジストを酸素プラズマで除去するという単純なプロセスだからと
考えられます。

アッシングとは？（図表 5-8-1）

酸素プラズマでレジスト（有機物）を灰化する

$$CxHy + (x + \frac{y}{2})O_2 \rightarrow x\,CO_2 + \frac{y}{2}\,H_2O$$

(a) エッチング後　　　(b) アッシング中　　　(c) アッシング後

レジスト

基板

被エッチング物

アッシング装置の例（マイクロ波タイプ）（図表 5-8-2）

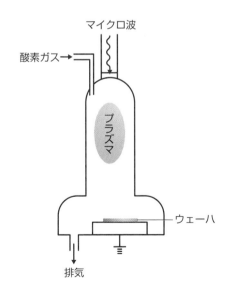

マイクロ波

酸素ガス→

プラズマ

ウェーハ

排気

液浸露光技術の現状

先端半導体では最小のパターンサイズが数十mmオーダです。これらの微細なパターーン形成には液浸露光技術が必要になってきました。

▶▶ 何ゆえ液浸か？

子供の頃、茶碗に箸を入れたり、コップにストローを入れると曲がって見えることが不思議に思えたでしょう。それは光の屈折という現象です。これは空気中と水中では光の屈折率が異なり、水中での屈折率が大きいことから起こる現象です。

もう一度、解像度の話をした5-3に戻ってみましょう。露光光源の短波長化はArF（193nm）で限界に来ています。ポストArFとして、F_2レーザ（157nm）の実用化が検討されましたが、透過光学系のレンズ硝材をどうするかなどの課題があり、実用化が困難となりました。そのため液浸の実用化が進んだというのが背景です。

▶▶ 液浸露光技術の原理と課題

液浸露光は前述のように露光光源の短波長化が限界に来たので、実質的にNAをあげようという考えです。NAについては5-3を見てください。図表5-9-1に従来の方法と比較して示しますようにウェーハとレンズの間に純水を満たしておけば、光は純水の屈折率に従うことになるので

$$NA = n\sin\theta$$

で表されます。純水のnは193nmで約1.44ですので、θの値が約70°以上であれば、NAは実効的に1以上になるというわけです。

このアイディアは光学顕微鏡では既に実用化されており、液浸顕微鏡といわれていましたが、繊細な半導体プロセスに応用するには大変勇気がいったと思われます。

実際の液浸露光装置は図表5-9-2に示すように純水の供給・回収機構を通常のArF露光装置に取り付けたような格好になります。浸液の安定な供給と回収、ウェーハ表面の露光後の完全ドライ化、液中でのバブル発生防止など色々な課題はありましたが、先端半導体ファブへの導入が進められています。なお、液浸のArF露光装置を、液浸を表す英語のimmersionから**i-ArF**と表記し、従来の液浸を用い

ないArF露光を**ドライ ArF（d-ArF）**などと表記する場合があります。

　また、純水より屈折率の高いいわゆる"**高屈折率液**"の開発も行われていますが、一時より下火となりました。その分、次節のダブルパターニングに動いているようです。

液浸露光の原理の概要（図表 5-9-1）

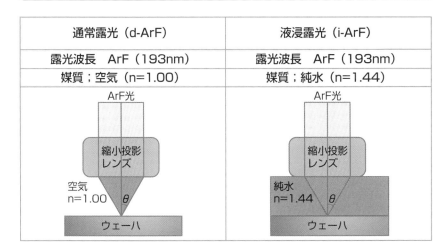

通常露光（d-ArF）	液浸露光（i-ArF）
露光波長　ArF（193nm）	露光波長　ArF（193nm）
媒質；空気（n=1.00）	媒質；純水（n=1.44）

液浸露光装置の概要（図表 5-9-2）

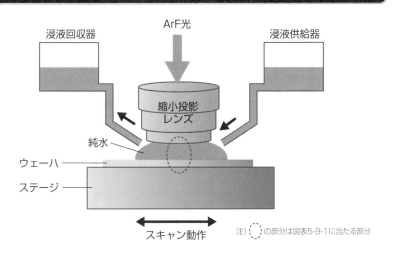

注）⋯の部分は図表5-9-1に当たる部分

5-10

ダブルパターニングとは

先端半導体ではパターンの微細化はとどまることを知りません。そのため、液浸露光技術でも形成できないパターンへの対応が考えられました。それがダブルパターニングです。

▶▶ 液浸の限界は？

前項の最後で述べたように解像度を更に上げるには純水を用いた浸液より高屈折率の液を用いる方法が検討されました。更に屈折率の大きい液を使用すれば実質的なNAの増大が図れるという考えです。ただ、現場の方の微細化の要求は急ぐものがあり、まずは**ダブルパターニング**の実用化が先になっています。

ダブルパターニングとは微細なパターンを描画するのに2回の露光を行い実現しようという考えです。つまり、1回の露光での解像度を2回の露光で向上させようという考えです。代表的なダブルパターニングのプロセスを図表5-10-1に示します。図で通常のリソグラフィ法（図の左側）と比較してもわかるように1回目の露光で**ハードマスク***に、2回目の露光でレジストに、それぞれ最小線幅のパターンを描画することで同じピッチに2倍の数のパターンを形成できる方法です。ただ、大きな課題としてはプロセスが明らかに複雑になる点と、ラインが一定のピッチで繰り返すようなパターンでこの方法が生かされることになる点です。

▶▶ 色々な手法があるダブルパターニング

この方法は高価な露光装置を2回使用することになり、プロセスコストの上昇になるため、1回露光の方法が提案されていました。図表5-10-2にはそのひとつの例です。これは成膜法とエッチバック法を用いてハードマスクにサイドウォールを形成することで露光装置の持つ解像度以上の密度のパターンを得るというものです。これはSADP (Self Aligned Double Patterning) と呼ばれています。

従来、微細化の世代でいうとハーフピッチ (HP) 45nmがArF液浸、32nm以降がダブルパターニング、16nm以降はEUVと、あくまでダブルパターニングは"つなぎの技術"という捉え方と、32nm以降しばらくはダブルパターニングという捉え方がありました。我が国の半導体メーカはある程度ダブルパターニングが存続す

***ハードマスク**　シリコンの酸化膜や窒化膜が使用される。もちろん、パターニングはリソグラフィとエッチングを用いる。レジストが熱などで持たない場合に使用される。

るという考えが多かったようです。しかし、現状EUVの実用化が当初より遅れており、液浸ArFとマルチパターニング（ダブルパターニングの進化形）の延命化が進んでいるようです。12章で再度触れます。

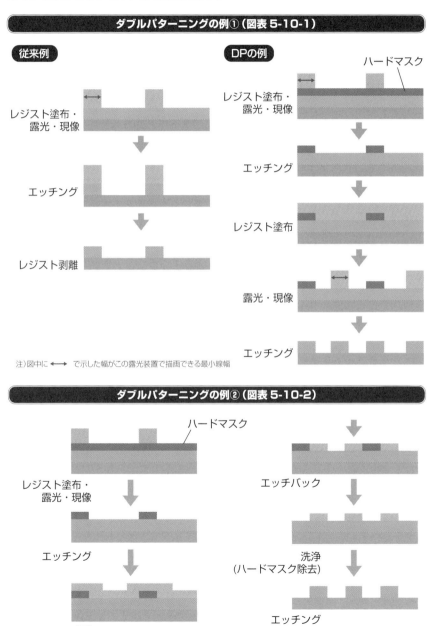

ダブルパターニングの例①（図表5-10-1）

従来例

DPの例

ハードマスク

レジスト塗布・露光・現像

エッチング

レジスト剥離

レジスト塗布・露光・現像

エッチング

レジスト塗布

露光・現像

エッチング

注）図中に ◀—▶ で示した幅がこの露光装置で描画できる最小線幅

ダブルパターニングの例②（図表5-10-2）

ハードマスク

レジスト塗布・露光・現像

エッチング

成膜

エッチバック

洗浄（ハードマスク除去）

エッチング

5-11

更に微細化を追求するEUV技術

先端半導体ではパターンの微細化の要求に対応すべく、究極の露光技術としてEUV技術が開発されています。

▶▶ EUV露光技術とは？

EUV*（極紫外線）は従来の光露光技術から大きく飛躍した光源を用いることに特徴があります。用いる波長は13.5nmという現状のArF光源の波長193nmの1/10以下の波長です。このため、露光装置、マスク、レジストなど多くのものが従来法から大きく変わります。

まず、大きな違いは、この波長域では透過型のレンズでの縮小光学系が使用できません。そこで図5-11-1に示しますようにミラーを用いた縮小光学系を使用します。光源のEUV光をマスクに反射させ、それを複数の非球面ミラーを用いた**反射光学系**でウェーハに描画します。マスクも反射型のマスクになりますので、図表5-11-2に示したEUV光を反射するSi/Moの積層型のマスクになります。パターンはその上にEUV光を吸収する吸収体をエッチングで形成して作製します。

エッチングストッパーとは、その際にSi/Mo積層膜をエッチングしないように設けたものです。

▶▶ EUV技術の課題と展望

EUV露光技術は欧米ではコンソーシアム中心で実用化が進められてきました。我が国でもMIRAI、Selete、EUVAなどのコンソーシアムで実用化が進められてきました。2011年には従来の活動を統合するような形で株式会社EUVL基盤技術開発センター（EIDEC）が設立され、活動の中心になってきましたが、2019年に解散しました。実際にEUV露光装置はASMLなど海外勢が主導しています。従来の露光技術とはまったく異なるため、露光の光源や光学系の開発だけでなく、マスクやレジストの開発も行われてきました。　2011年度には同社の装置が先行半導体メーカや研究開発機関などに導入されて評価が始まった経緯があります。EUVの現状や課題については12-4で述べます。

＊**EUV**　Extreem Ultra Violet の略。

　なお、5-3や5-9-11などで述べた多少 "力づく" で微細化を進める手法をトップダウン技術と呼びます。それに対する手法をボトムアップ技術といいます。

EUV 露光装置の概要（図表 5-11-1）

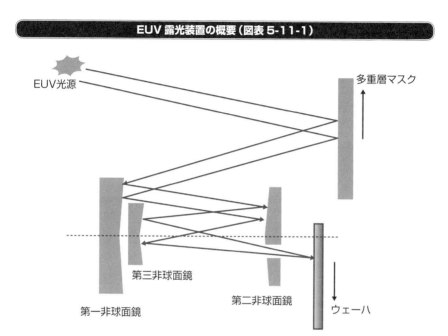

EUV光源

多重層マスク

第三非球面鏡

第一非球面鏡

第二非球面鏡

ウェーハ

EUV 露光のマスクの構造（図表 5-11-2）

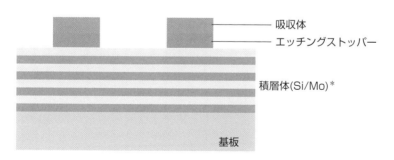

吸収体

エッチングストッパー

積層体(Si/Mo)＊

基板

注）図は繁雑さを避けるため簡略に描いてあるので脚注参照のこと。

＊**積層体（Si/Mo）**　重い元素（Mo）と軽い元素（Si）をEUV光の波長の半分の厚さで交互に40層以上に重ねることで疑似的な格子を形成しX線のブラッグ反射と同じ原理で反射する。

5-12
スタンプ式のナノインプリント技術

光学で結像するシステムを用いない微細パターン形成法としてナノインプリント法があります。この方法は半導体への応用はまだ先ですが、パターンドメディアへの応用が考えられています。英語の頭文字からNIPと表記することもあります。

▶▶ ナノインプリント技術とは

ナノインプリント技術という言葉が聞かれますが、これは今まで述べた露光技術とは一線を画すものです。ナノインプリントはモールドと呼ばれる一種の鋳型を樹脂などに押し付けてパターンを形成する方法です。ナノスケールにこだわらない場合はエンボスプロセスとも呼ばれます。また、その方式からスタンパーとも呼ばれることがあります。後で触れるパターンドメディアなどではスタンパーと呼ばれることが多いと思います。ナノインプリントと呼ばれるのはナノスケールの加工の場合と捉えてよいでしょう。図表5-12-1にそのプロセスフローを示しておきます。見てわかるとおり、非常に単純な原理での加工になります。先端半導体用いる微細パターンを描画する装置は液浸用のArF露光装置で数10億円以上、EUV露光装置では100億円クラスといわれており、プロセス原理が簡単なナノインプリント技術で低価格の加工装置が提供できないかと考えるのは当然です。先端半導体製造プロセスではCMPやメッキといったように真空技術などを使用せず、単純な原理のプロセスに回帰する動きも見られます。ナノインプリント技術などもその動きのひとつといえます。

▶▶ リソグラフィとの比較

前述のように光学的な描画プロセスではなく、マスクの替りにモールド（テンプレートともいいます）と呼ばれる鋳型を樹脂などの塑性変形材料にスタンパーで押し付ける方法ですので、等倍のパターン転写になります。図表5-12-2にリソグラフィとの比較をしていますが、このモールドがマスク（レチクル）に相当します。樹脂などの塑性変形材料がレジストに相当し、大胆な見方ですが、スタンパーが露光機・光源に相当するでしょうか？　ちょうど、5-2で述べたコンタクト露光機に似ているといえます。コンタクト露光機のマスクの場合は接触するだけですが、モー

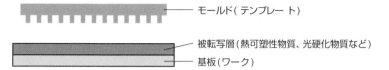

ナノインプリント技術の基本プロセスフロー（図表 5-12-1）

(a) 被転写物の塗布

モールド（テンプレート）

被転写層（熱可塑性物質、光硬化物質など）

基板（ワーク）

(b) 熱または光によるパターニング

熱：予め加熱して可塑性にしておきます。
光：光透過性のモールドを押し付け、
　　光照射し硬化させます。

(c) モールドの除去

モールドに被転写物が付着しない工夫　が
必要です。

被転写層の凹部の膜厚を出来るだけ薄　く
し、酸素プラズマなどで除去するのが　一
般的です。

リソグラフィとナノインプリントの比較（図表 5-12-2）

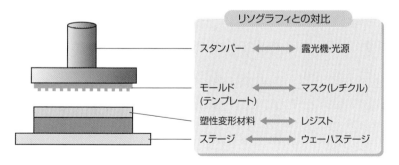

リソグラフィとの対比

スタンパー ⟷	露光機·光源
モールド ⟷ （テンプレート）	マスク(レチクル)
塑性変形材料 ⟷	レジスト
ステージ ⟷	ウェーハステージ

ルドの場合は樹脂に押し込みますので、樹脂とモールドの剥離性はリソグラフィに
はない重要な課題です。図には示せませんでしたが、被転写層の凹部の残膜を酸素

プラズマなどで除去するのが現像に相当するでしょうか。

　これでわかりますように解像度はほぼモールドの加工精度で決まります。言い換えますとモールドの作製を等倍で作る点とその耐久性（何度も被転写層とハードコンタクトする）が課題になるわけです。ただ、光学式の露光装置が不要で機械的なスタンパーがそれの代わりになるということです。スタンパーとステージの機械的精度は当然必要です。

　このようにモールドは常に耐久性が課題になりますので、ナノインプリントの場合はモールドの原盤が重要になります。そのため、原盤から何枚ものレプリカを作り、それを実際のプロセスに使います。余談になりますが、原盤をマザー、レプリカをドウターということもあります。

▶▶ ナノインプリントの分類

　ナノインプリントは大きく分けて、図表5-12-1でも触れましたが、熱ナノインプリントと光ナノインプリントがあります。前者は被転写材料を熱で塑性変形させ、モールドの形を転写するものであり、後者は光で硬化する材料を被転写材料に選んで転写するものです。そのため、モールドも光透過性の材料になり、パターン合わせができるため、半導体のように下地とパターンを重ね合わせて加工する方法に用いられます。

▶▶ ナノインプリントの可能性

　繰り返しパターンには向いていますので、既に実施されている光ディスクなどのパターンドメディアへの応用が更に期待されます。読み出し専用の光ディスクは金属の金型（これをスタンパーと呼びます）を用いて樹脂にドットを転写するものですが、寸法精度はまだナノレベルではないものの、CDでは$2.1\mu m$、DVDでは$1.3\mu m$、次世代DVDのブルーレイディスク*では$0.5\mu m$程度のドットが形成されています。

　先端半導体の場合は色々なパターンが混在するし、重ね合わせも重要なので、特に光学系で形成したパターンと機械的なモジュールのパターンとの微妙なミックスアンドマッチが懸念されますので、全面的に半導体に使用するという可能性は少ないと思われますが、今後注視していかねばならないと思います。

＊**ブルーレイディスク**　波長405nmの青紫色領域のレーザ光を用いてディスクに掘られたドットを読み出すもので、CDと同じサイズに約20GByteほどの容量をメモリすることができるといわれている。

第**6**章

エッチングプロセス

この章ではリソグラフィ工程で形成したレジストをマスクにして、エッチングを行うプロセスについて触れます。はじめにエッチングに不可欠なプラズマやRF放電について述べ、後半は異方性のメカニズムや最近のエッチング技術の動向について触れます。

エッチングプロセスフローと寸法変換差

エッチングでいちばん重要なのはリソグラフィプロセスで形成したレジストの寸法から、どれだけエッチング後の寸法が変化してしまうのかということです。これを寸法変換差といいます。

▶▶ エッチングプロセスフローとは？

この章ではドライエッチングをエッチングと称して話を進めます。ウェットエッチングについては3-9で簡単に触れました。

まずはエッチングプロセスフローから説明します。図表6-1-1にフローを示しますが、まず、レジストパターンをリソグラフィ工程で被エッチング物の上に形成します。このレジストはエッチングのマスクにもなりますので、**レジストマスク**あるいは簡単にマスクと呼ばれる場合もあります。場合によって、レジストではなく**ハードマスク***と呼ばれるものをマスクにエッチングを行うこともあります。ただし、LSIプロセスフローの中では稀です。次にドライエッチング装置に入れて、レジストをマスクにエッチングを行います。パラメータになるのはガスやその組成比、エッチング時の圧力、ウェーハステージの温度などです。この際に図にも記しましたが、レジストも多少エッチングされます。レジストのエッチング速度と被エッチング物のエッチング速度の比を**レジスト選択比**といいます。また、ウェーハ内でもエッチングレートの均一性を考慮して、一部下地が見えるまでエッチングが進んでもいわゆる "**オーバーエッチング**" を行います。その際に下地もエッチングされます。レジストのときと同様に下地と被エッチング物のエッチング速度の比を**下地選択比**といいます。両方とも大きい数値が望ましいことはいうまでもありません。なお、エッチング速度は**エッチングレート**あるいは**エッチレート**と称します。

▶▶ 寸法変換差とは？

第5章でも触れましたように最先端のリソグラフィ装置は非常に高価なものです。その性能を生かすにはレジスト寸法どおりにエッチングが進むことが肝要で

***ハードマスク**　シリコンの酸化膜や窒化膜が使用される。もちろん、パターニングはリソグラフィとエッチングを用いる。レジストが熱などで持たない場合に使用される。

す。これを**異方性エッチング**といいます。このエッチング前後の寸法の変化を**寸法変換差**といい、図表6-1-2に示します。

なお、薬液を使用するウェットエッチングは**等方性エッチング**です。しかし、実際にはレジスト直下でのエッチング液のしみ込みがあり、かなり寸法変換差があるエッチングになることもあります。それを**サイドエッチング**が入ると称します。

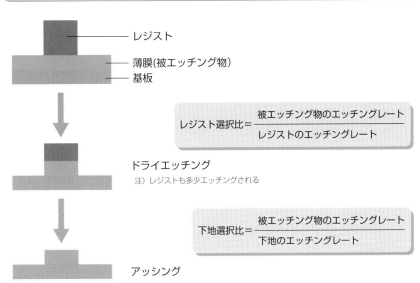

ドライエッチングプロセスフロー（図表 6-1-1）

レジスト

薄膜(被エッチング物)

基板

$$レジスト選択比 = \frac{被エッチング物のエッチングレート}{レジストのエッチングレート}$$

ドライエッチング

注）レジストも多少エッチングされる

$$下地選択比 = \frac{被エッチング物のエッチングレート}{下地のエッチングレート}$$

アッシング

エッチングにおける寸法変換差（図表 6-1-2）

(a) 異方性エッチングの形状

レジスト寸法にほぼ忠実

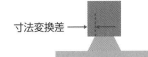

(b) 等方性エッチングに近い形状

レジスト寸法より小さくなる

寸法変換差 →

色々な手法がある
エッチングプロセス

ひとくちにエッチングといっても色々な材料やパターンに対応する必要があり、求められる結果も異なります。それぞれに応じたエッチングプロセスを用います。

▶▶ 色々な材料に対応

半導体プロセスではエッチングする材料に、半導体および半導体膜、絶縁膜、金属（メタル）膜などがあり、それらの材料も色々ありますので、それぞれに対応したエッチングプロセスが必要になります。

ドライエッチングではガスを用いてエッチングを行います。エッチング反応とは簡単にいえば、被エッチング物と揮発性の物質を作るガスを用いるものであり、どれにも使えるガスがあるというわけではありません。また、エッチングガスは安定したガス状態にあることが望ましく、液化ガスを使用するには気化させる場所の配置や配管を適温にするなど、それなりの対応が必要になります。図表6-2-1に色々な材料に対応したガスの例を挙げておきます。

▶▶ 色々な形状に対応

半導体デバイスでは色々な形状をエッチングで残す必要があります。それは配線パターンであったり、配線と配線を電気的に接続する**ビアホール**であったり、素子間の分離を行うトレンチ（溝）であったりと様々です。図表6-2-2に半導体プロセスで必要になる色々な形状を示しました。このうち、ディープトレンチや貫通孔については6-6で触れます。

また、エッチングはレジストマスクを形成した後、異方性エッチングを利用した寸法変換差なしの微細加工のほかにも、異方性エッチングを利用して色々なことができます。例えば、**エッチバック**、**サイドウォール形成**などです。このうち、エッチバックは第8章で述べる平坦化技術の進歩により、もう使用されるケースは少なくなりましたが、サイドウォール形成はゲート周りで今も使用されています。図6-2-3にそれらを説明しておきます。図表5-10-2の図にも出てきます。

主な材料とドライエッチングガスの例（図表6-2-1）

材　料		エッチングガス
半導体	Si(trench)	SF_6+フロン系or Cl_2、$SiCl_4$+N_2
	Poly-Si ポリサイド	HBr系 Cl_2+O_2、HBr
絶縁膜	SiO_2	CF_4、CHF_3、高次フロン（C_5F_8）など
	doped-SiO_2	CF_4など
	Si_3N_4	CF_4など
メタル膜	Al+バイアメタル	BCl_3+Cl_2
	W+グルーレイヤー	SF_6、NF_3+Cl_2

色々なエッチング（図表6-2-2）

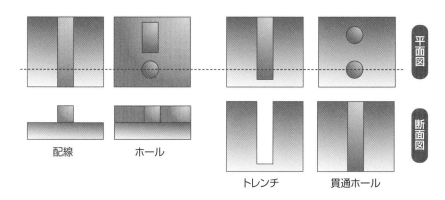

配線　　ホール　　トレンチ　　貫通ホール

平面図

断面図

サイドウォール形成（図表6-2-3）

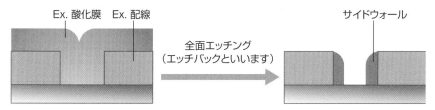

Ex. 酸化膜　Ex. 配線　　全面エッチング（エッチバックといいます）　　サイドウォール

レジストマスクを用いず、異方性エッチングの特性を生かす方法。
以下の章にも色々な例（7-9など）が出てくる。

6-3

エッチングプロセスに
欠かせないプラズマとは？

　ドライエッチングにはプラズマの生成が欠かせません。これは成膜のプラズマCVDでも用います。ここではプラズマの生成と役割について解説します。

▶▶ プラズマ発生のメカニズム

　プラズマとは気体、液体、固体に継ぐ第四の物質の状態であるという表現もありますが、大雑把に表現すると電離気体であり、全体の電荷は中性になっているものと考えても良いと思います。それはどのようにして発生させるのでしょうか？　一般に半導体プロセスで使用するものは**低温プラズマ**と称して、核融合などに用いられる高温プラズマとは別のものです。図表6-3-1にプラズマの発生を示します。真空にしてから、所望のガスを導入し、放電の起こる圧力に設定して電極に高周波を印加して放電させ、発生した電子がガス分子に衝突してゆきます。これによりイオンや中性の活性種であるラジカルが生成されます。これをどんどん繰り返してゆくことでプラズマが発生します。したがって、エッチングは真空プロセスになります。

▶▶ プラズマの電位とは

　通常、2枚の電極が平行に向かい合った**平行平板型**の電極でプラズマを発生させますとプラズマそのもの（バルクプラズマといったりします）と電極付近でのプラズマには電子とイオンの移動度の差により電位の差が生じます。これをプラズマポテンシャル（プラズマ電位ともいいます）と称します。バルクのプラズマと基板の間に生じた電位が変わる部分を**シース**（鞘：さやの意味です）と呼びます。このシースが成膜やエッチングで重要な働きをします。それらを図表6-3-2に示します。

　更に気体中の粒子の運動を表すパラメータに**平均自由工程**というものがあります。これは粒子が他の粒子に衝突した後、次の衝突までに飛行する距離でガスの圧力に反比例します。言い換えると、気体中の粒子がどれだけの距離を移動できるかを示すものであり、真空プロセスではよく出てくる言葉で、その例を図表6-3-3に示します。第4章のイオン注入装置の真空度が高い（圧力が低い）のもこの理由です。

プラズマ生成のメカニズム（図表 6-3-1）

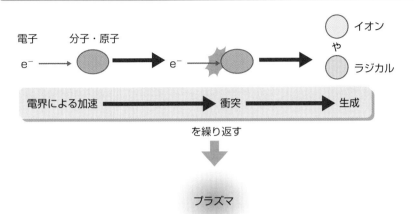

電子　分子・原子

e^- →

イオン
や
ラジカル

電界による加速 ━━━━→ 衝突 ━━━━→ 生成

を繰り返す

プラズマ

プラズマ中の電位（図表 6-3-2）

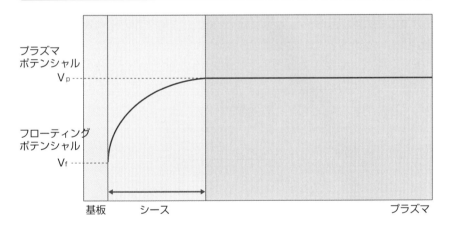

プラズマ
ポテンシャル
V_p

フローティング
ポテンシャル
V_f

基板　シース　　　　　　　　　　　　　　プラズマ

気相中の平均自由工程（図表 6-3-3）

圧　力	平均自由工程
10000Pa	$1.1\mu m$
1000Pa	$11\mu m$
100Pa	$110\mu m$
10Pa	$1.1mm$
1Pa	$11mm$

RF（高周波）印加方式による違いとは？

シリコンウェーハを置く方の電極に高周波を印加するか、グラウンドに落とすかでエッチングの結果は異なってきます。ここではそのメカニズムに触れます。

▶▶ ドライエッチング装置とは？

ドライエッチング装置は図表6-4-1に示すように2つの平行に配置された電極の一方をグラウンドにして、他方に**高周波**＊を印加できるようにしたものです。もちろん、マッチングを取るためのマッチングボックスやチャンバーを真空に引くための真空ポンプ系、エッチングガスを導入するガス系などが付加されています。加えて、図ではグラウンド側の電極からシャワー状にガスを噴出するようにして（シャワーヘッド電極ともいいます）、高周波を印加する電極側にウェーハを置く（サセプターとかステージともいいます）ようになっています。これを**カソード（陰極）カップル**といいます。

このようにして、チャンバーをある程度の真空にして、ガスを導入し、電極間に電界をかけますと放電します。真空にしなくても、例えば落雷や冬の乾燥した時の静電気による放電のように放電は発生はしますが、瞬時的です。半導体プロセスで使用するプラズマでは放電を持続させなければなりませんので、普通は真空に引いてから電界をかけます。この方式で反応性のエッチングガスを用いて行う方式を**反応性イオンエッチング**（**RIE**：Reactive Ion Etching）といいます。

▶▶ カソードカップルのメリット

どちらの電極に高周波を印加させるかで結果はまったく異なってきます。一般には図表6-4-2に示しますようにカソード側、つまり、高周波を印加したほうのシースの電位が大きくなります。これを詳しく話すのは、この本の趣旨とは異なってくるので省略しますが、高周波（RF）放電の性質によるものです。カソード側のシースを図表6-4-1に記したように**カソードシース**と呼びます。したがって、こちら側にウェーハをおいて、エッチングを行うとカソードシースの電界の効果で、より異

＊**高周波**　図ではRFと記しているが、これはRadio Frequencyの略。電波法で使用できる波長が定められており、一般的に13.56MHzが使用されている。

方性のエッチングができます。次節と合わせてお読みください。

ドライエッチング装置：平行平板式 RIE の例（図表 6-4-1）

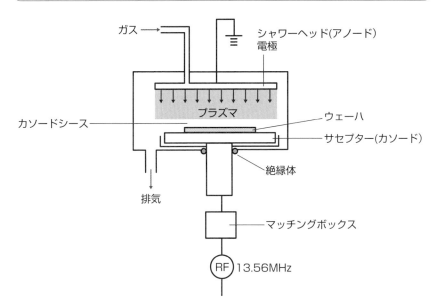

両電極でのシース電位（図表 6-4-2）

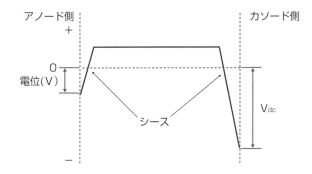

注）カソードシースを図示したように一般的にVdcと表記する。負の電位になる。

6-5

異方性のメカニズム

6-1でも触れましたが、寸法変換差のないエッチングが異方性エッチングです。ここではそのエッチングのメカニズムに触れます。

▶▶ エッチング反応とは？

エッチングを素過程に分解して考えて見ます。図表6-5-1にそれを示してみました。まず、プラズマ中でエッチングガスが解離して、イオンやラジカルといったエッチング種ができます。これを "**エッチャント**" と称します。これが第一の段階です。次にこれらのエッチャントがウェーハ表面まで到達する過程があります。このとき、6-3で説明した平均自由工程が関係してきます。別の表現をすれば、深い形状のエッチングをしようとすれば、圧力の低い方が有利ということです。ただ、あまり圧力が低いと今度は放電がうまくいかず、プラズマが生成しにくいという問題も生じます。

次の段階はウェーハ表面に到達したエッチャントが被エッチング物と反応して、エッチング反応が進む段階です。更にこれだけではなく、エッチングの反応性生物が速やかに離脱し、排気されてゆくことが必要です。そうでないと反応性生物が表面に付着して、エッチング反応が進まないことになります。例えば、シリコンをエッチングすることを考えてみましょう。シリコンの塩化物である四塩化珪素とフッ化物である四塩化フッ素の蒸気圧は後者の方が高いので、シリコンをフッ素系のガスでエッチングすれば、反応性生物の離脱も早いと考えられます。この考えは、どのエッチングガスを用いて、エッチングすれば良いかという判断の基準にもなります。

▶▶ 側壁保護効果を利用

異方性の定義を数式的に表すとすると図表6-5-2の左上のようになります。要は縦（垂直）方向のエッチングを推進し、横方向のエッチングを如何に抑えるかという話になります。つまり、ふたつの効果により異方性の形状が達成されると考えられています。

ひとつはイオンの直進性の効果です。図表6-5-2に示すようにこれで被エッチング物表面でのラジカルの反応を加速し、垂直方向のエッチングを促進しています。

もちろん、イオン自身のエッチング反応への寄与もあるでしょう。このイオンの直進性は6-4で述べたシースの電位によるイオンの加速の効果と考えられます。

　もうひとつが**側壁保護効果**です。これは図表6-5-2に示すように、レジストのスパッタリング*により出てくる炭素などや、意図的に堆積成分のガスをエッチングガスに添加することにより実現できます。これにより、横方向のエッチングを抑制します。異方性形状はこのふたつで達成しているといわれています。

ドライエッチングのメカニズム（図表6-5-1）

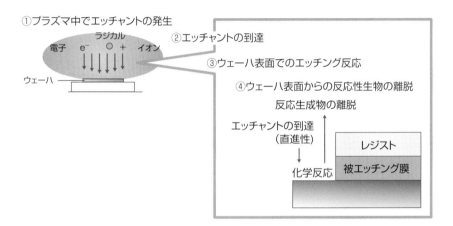

①プラズマ中でエッチャントの発生

ラジカル
電子　e⁻　○　+　イオン

ウェーハ

②エッチャントの到達

③ウェーハ表面でのエッチング反応

④ウェーハ表面からの反応性生物の離脱

反応生成物の離脱

エッチャントの到達
（直進性）
↓
化学反応

レジスト
被エッチング膜

異方性のメカニズム（図表6-5-2）

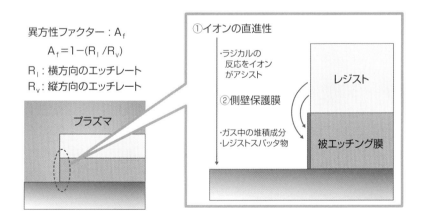

異方性ファクター：A_f

$$A_f = 1 - (R_l / R_v)$$

R_l：横方向のエッチレート
R_v：縦方向のエッチレート

プラズマ

①イオンの直進性

・ラジカルの反応をイオンがアシスト

②側壁保護膜

・ガス中の堆積成分
・レジストスパッタ物

レジスト
被エッチング膜

***スパッタリング**　イオンがレジストの分子・原子をはじき出すこと。7-6も参照のこと。

6-6

ドライエッチングプロセスの課題

先端ロジックLSIでは色々な材料を使用します。また、特殊な構造もあります。ここではそれらのプロセスをいくつか紹介します。

▶▶ 新規な材料に対するエッチングプロセス

成膜のところで説明しますが、最先端のトランジスタではゲート周りにはhigh-kゲートスタック技術、多層配線関係にはCu/low-k構造など、色々な**テクノロジーブースター技術***が開発されています。エッチング技術もそれらの材料・構造に対応するものでなくてはなりません。最近の動向としてはhigh-kゲートスタックの場合はHfSiONやHfAlOなどが、Cu/low-k構造の場合はポーラスlow-k膜が主流になっています。また、将来の話ですが、トランジスタ構造を三次元化する考えもあります。

また、エッチングとリソグラフィ技術は切っても切れない関係です。常に新しいリソグラフィ技術との関係にも注目しておく必要があります。例えば、第5章で述べたEUV露光技術が実用化されるとなるとレジスト材料が従来のものと異なりますので、対レジスト選択比が保てるかなど注意する点（12-4参照）があります。それらの今後のエッチング技術の課題を図表6-6-1にまとめてみました。

▶▶ ディープトレンチエッチとは

もうひとつの新しい流れが**ディープトレンチエッチング**です。これは普通のエッチングと違い、シリコンウェーハを貫通するくらいの深いホールを掘るエッチング技術です。先端半導体の前工程というよりは後工程の新しい実装法やMEMSなどの要求から来ています。以前、DRAMが1Mbitの集積度の頃、キャパシターをトレンチ内に形成して、三次元化することでキャパシターの面積を稼ぐため、トレンチエッチング*が実用化された時代があります。そのときはせいぜい数μmの深さでしたが、**TSV***の場合はいくらシリコンウェーハの薄化をしたとしても数十μmから百μm程度の深さのエッチングを行わなければなりません。そのためにはビアの

＊テクノロジーブースター	微細化技術によらずに次世代のデバイスを作製できる新規材料や構造を用いる技術のことをこういうようになった。歪シリコンなどもその例。11-2も参照のこと。
＊トレンチエッチング	トレンチ（溝）と称するが、実際はホール形状だった。
＊TSV	Through Silicon Viaの略。シリコンの貫通孔のこと。

側壁をプロテクトする必要があります。エッチングとデポジッションを交互に繰り返すBoschプロセスやウェーハを低温に冷却してラジカルのサイドアタックを抑制する低温エッチングなどの方法が行われています。BoschプロセスでTSV用の深いホールエッチングの例を図表6-6-2に示します。

これからの材料・構造などに対するエッチングの課題（図表 6-6-1）

新規材料
・high-k材料
・ultra low-k(ULK)材料

新規構造
・三次元構造トランジスタ
・TSV技術

最新エッチング技術
の課題

次世代リソグラフィ技術
・ダブルパターニング
・EUV用レジストへの対応

これからの材料・構造などに対するエッチングの課題（図表 6-6-2）

(a) 通常のホールエッチング

通常のエッチング技術で
浅いホールは形成可能

(b) 深いホールエッチング

エッチング

↓

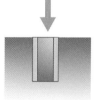

側壁デポジション

→

何度も
繰り返し

第6章　エッチングプロセス

memo

第 **7** 章

成膜プロセス

この章ではシリコン基板上に配線や絶縁膜を作製してゆく

成膜プロセスについて触れます。成膜法は色々ありますので

基本的な酸化法から個々に述べてゆきます。最後にhigh-kゲー

トスタック技術やCu/ low-k技術についても触れます。

7-1

LSIの機能に欠かせない成膜プロセス

> LSIプロセスは基本的にシリコン基板上に不純物領域、配線、絶縁膜を作製してゆくプロセスから成り立っています。その役目を果たすのが成膜技術です。

▶▶ LSIと成膜

LSIは基本的には**半導体膜**（シリコンウェーハも含む）と電気を流すための**配線膜**とそれらの電気的絶縁を図る**絶縁膜**から成り立っています。

このうち、半導体膜（実際には拡散層を含む）は半導体デバイスの基本となるスイッチの機能を果たすトランジスタになる部分で、最も重要な領域になります。それらの素子を電気的につなぐのが配線です、配線も水平方向に二次元的に広がるものばかりではなく、垂直方向につなぐ**プラグ**（plug）のようなものもあります。また、これらの配線や素子を電気的に絶縁する絶縁膜があります。それらの膜の材料や求められる機能を図表7-1-1に示します。この表に示す個々の膜についてはこれから順を追って説明してゆきます。プロセスフローの9-7で再度触れます。

▶▶ LSI断面に見る成膜の例

図表7-1-1では文字だけなのでわかりにくいと思いますので、DRAMを混載したシステムLSIを想定した断面図を図表7-1-2に示します。この図に示す個々の膜についても次節以降で順を追って説明してゆきます。

これを見るとLSIでは多様な膜が使用されていることがわかると思います。例えば、配線や電極に用いられる金属（メタル）膜は、Al、Cu、Wなど色々な材料が用いられますし、Wはプラグという特殊な構造に用いられます。絶縁膜もSTI*のような埋め込み膜や層間絶縁膜も形成する位置で色々な呼ばれ方をします。その例は図表7-1-2に示してあります。また、ゲート絶縁膜のようにトランジスタの性能を決める膜もあります。

これらの膜を色々成膜してゆくには、使用する原料ガスも成膜法も多種多様であることがわかると思います。

＊**STI** Shallow Trench Isolationの略でトランジスタなどを電気的に絶縁するための埋込み膜。9-3参照。

LSI の各種薄膜の一覧（図表 7-1-1）

種　類	材　料	機　能
半導体膜	Si基板、Siエピタキシャル膜、多結晶シリコン膜(poly-Si)	拡散層(ウェル、ソース・ドレイン)抵抗膜、ゲート電極・配線、プラグ
金属(メタル)膜	Al/バリアメタル、Cu/バリアメタルW	配線、電極配線、プラグプラグ
絶縁膜	SiO_2, SiN, LK(ULK)SiO_2(SiON)$SiO_2$$SiO_2$	PMD、IMD(ILD)、STIゲート絶縁膜STI埋め込み膜サイドウォール膜

注）英語の略称は次表を参考にしてください
　　LK(ULK)については7-10参照

システム LSI の断面と各種薄膜の模式図（図表 7-1-2）

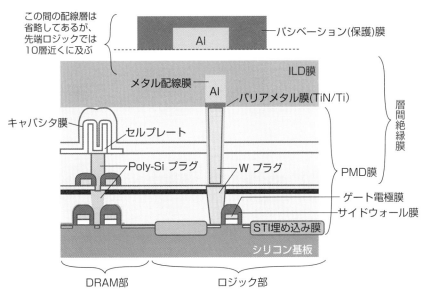

注）実際のLSIでDRAM部のすぐ隣にロジック部が
　　くることはありません。図の便宜上です。

英語略称　ILD ：Interlayer Dielectrics
　　　　　PMD：Pre-Metal Dielectrics
　　　　　STI ：Shallow Trench Isolation

第7章 成膜プロセス

色々な手法がある成膜プロセス

前の項で述べたようにLSIには半導体膜、配線膜、絶縁膜など様々な膜があります。また、成膜するシリコン基板の下地の形状も異なります。従って、色々な成膜プロセスがあります。

▶▶ 色々な成膜手段

半導体プロセスで使用する膜は通常**気相**で成膜します。液相で行う塗布やメッキももちろんあり、別途触れますが、一般的には気相での成膜です。気相での成膜の特徴は、

1. 化学反応を利用し、精密に膜厚、膜質を制御可能

2. ドライな雰囲気で反応を制御可能

3. クリーンな環境が維持可能（材料、雰囲気）

4. 大面積にも均一に成長できる

5. ひとつのロットで大量のウェーハを処理できるケースもある

などです。気相で化学反応を用いるのが、大きな特徴であり、そのために上記のようなメリットがあるといった方がいいかもしれません。主な成膜法は図表7-2-1にまとめました。このうち、**CVD**とあるのはChemical Vapor Depositionの略で化学的気相成長法などと訳されています。**PVD**はPhysical Vapor Depositionの略で物理的気相成長法などと訳されています。7-4から個々の技術を述べます。

▶▶ 成膜のパラメーター

主に温度、圧力、プラズマの有無です。プラズマについてはエッチングでも使用するので、6-3に記してありますので参考にしてください。成膜の場合、プラズマは成膜時の温度を低下させる役割をします。したがって、図表7-2-2に示しますようにプラズマは成膜温度が低い場合に使用されています。液相の成膜法も同様です。一方、フロントエンドとバックエンドの温度の境の目安（4-7を参考にしてくださ

い) になる500℃以上の温度で成膜するのは減圧CVDやエピタキシー法などです。後者はシリコン単結晶の上に同じ方位の単結晶シリコン膜を積層する場合に用いられますが、LSIで用いられることは少ないので本書では触れません。

成膜法の主な分類（図表 7-2-1）

成膜法の主な分類　その2（図表 7-2-2）

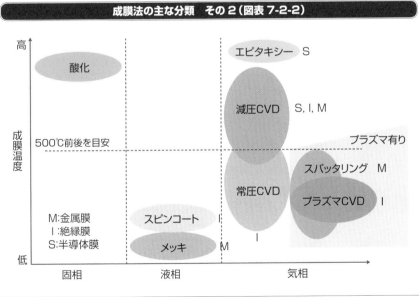

下地形状に影響する成膜プロセス

LSIは色々な機能素子をシリコン基板に作ってゆきますので、シリコン基板の表面形状はミクロに見ると異なります。従って、色々な形状に対応してゆく必要があります。

▶▶ どんな形状に対応か?

7-1で示したシステムLSIの断面を見てもわかるように成膜は色々な下地の形状に対応する必要があります。その例を図表7-3-1に示します。このうち、配線パターンがあるような場合は凸形状の上に成膜する必要があります。配線パターンの上に層間絶縁膜を形成するような場合、配線形状を良好にトレースした形状で膜が形成されることが望ましいといえます。図表7-3-2の (a) に示した例です。

例えば、(b) に示すように配線形状をうまくトレースできない成膜になった場合、この上に更に配線を形成するような場合は、ますます形状の悪化が増幅される可能性があり、この上部配線パターンを形成する際のリソグラフィやエッチングがうまくいかなくなる場合があります。また、層間絶縁膜の薄いところで耐圧が不足してリーク電流が流れるようなことが考えられます。ここでは配線上への成膜の例を述べましたが、図表7-3-1に示すようなホールやトレンチの場合は成膜がうまくいかないとホールやトレンチの中にボイド (空隙) ができたりします。

▶▶ 成膜のメカニズム

今まで述べたことを言い換えるとLSIでは色々な**下地形状**が現れるので、基本的にはこれらの形状に被覆性よく成膜することが望まれます。これを**step coverage**(ステップカバレージ、単にカバレージともいいます。**段差被覆性**と訳されています) が良いと称します。このカバレージは成膜のメカニズムと関係付けられて説明されます。

図表7-3-3にその例を示します。一口でいえるような簡単なことではないですが、色々な要因が形状に効いてきます。ひとつは**成膜種 (プリカーサ)** の平均自由工程です。図の左側に示してあります。平均自由工程はエッチングの6-3を参考にしてください。どれくらいの成膜種がウェーハに到達するかの目安となります。次はウェーハに到達した成膜種がすぐその場で成膜に寄与するかのパラメータになる**付**

着確率です。図の右下に示してあります。付着確率が1だと到達したその場で膜になるということです。次に図の右上に示すような**到達角度**です。ホールやトレンチの場合はこれが効いてきます。成膜の条件とこれらの結果をうまく相関させて良い成膜の条件を見つけることが必要になります。

種々の下地形状の違い（図表 7-3-1）

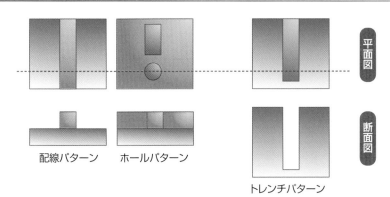

平面図

断面図

配線パターン　　ホールパターン

トレンチパターン

種々の下地形状の違いが成膜に及ぼす例　図表 7-3-1 の配線パターンの例（図表 7-3-2）

(a) 良好な例

(b) 形状不良の例

成膜反応のメカニズムの概念図（図表 7-3-3）

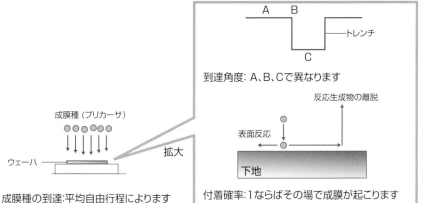

成膜種 (プリカーサ)

ウェーハ

拡大

成膜種の到達:平均自由行程によります

到達角度: A、B、Cで異なります

トレンチ

反応生成物の離脱

表面反応

下地

付着確率:1ならばその場で成膜が起こります

ウェーハを直接酸化する酸化プロセス

フロントエンドのトランジスタ形成プロセスではシリコンの熱酸化膜を用います。
いちばん安定な酸化膜はシリコンを直接酸化するシリコン熱酸化膜です。

▶▶ 何ゆえシリコン酸化膜か？

半導体デバイスの初期ではシリコンではなく同じIV族のゲルマニウムを用いていました。しかし、ほどなくシリコンに主役の座を譲り渡しました。これは1-3でも触れたように地表上にはシリコンの含有量が多いので、材料の豊富さで有利であるということもありますが、ゲルマニウムの熱酸化膜が不安定であったこともその理由です。一方、シリコンの**熱酸化膜**は安定にできます。これがMOSトランジスタの発展につながりました。また、難しい話になりますが、ゲルマニウムに比較して、シリコンの方が**バンドギャップ***が大きいため、耐熱性や耐圧でも有利です。

▶▶ シリコンの熱酸化のメカニズム

シリコンの熱酸化は温度を高温（900℃以上）にして、そこに水素ガスと酸素ガスを送り、燃焼させることで、酸化剤を発生させて行います。この酸化剤がシリコンを直接酸化するわけです。化学式ですと

$$Si + O_2 \rightarrow SiO_2$$

という形です。この酸化を行う装置を**酸化炉**といいます。炉と呼ばれるのは高温にウェーハを加熱するからです。図表7-4-1に示すように、石英製の炉にウェーハを載せるボートごと50枚とか100枚とかの単位で、複数のウェーハを入れるようになっています。加熱は石英炉の外側から行います。

熱酸化のメカニズムはふたつの過程が律速になります。シリコンは酸化剤とすぐ反応するので反応が律速になることはありません。最初の過程は酸化剤（図ではOとしています）がシリコンの表面まで到達する "**供給律速過程**" です。その後、この熱酸化膜が成長すると熱酸化膜の中を酸化剤が通過して、シリコンとシリコン酸化膜の界面に到達する過程が律速になる "**拡散律速過程**" がふたつめの過程です。こ

＊**バンドギャップ** 固体結晶の価電子帯と伝導帯のエネルギーの差。半導体の性質を決める物性のひとつ。

れを図表7-4-2に示しておきます。したがって、縦軸に酸化膜厚、横軸に酸化時間をとると図の右側に示すように放物線状になります。供給律速過程で成長するシリコン酸化膜の膜厚は2nm程度といわれています。先端LSIの**ゲート酸化膜***の膜厚はこの領域です。実用的には、酸化速度を低めにして膜厚を制御しています。厚い酸化膜は拡散律速過程になります。

シリコン酸化炉の例（図表 7-4-1）

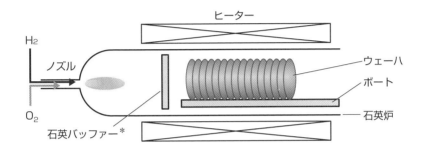

シリコン酸化のメカニズム（図表 7-4-2）

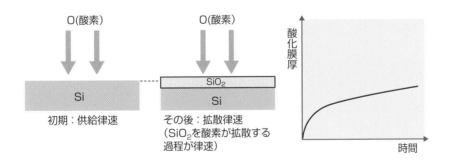

***ゲート酸化膜**　トランジスタの性能を決める膜でゲート電極の下にある。
***石英バッファー**　水素の燃焼熱によって、ウェーハ面内などに温度分布ができることを防止するため設置される。

熱CVDとプラズマCVD

もっとも基本的なCVDプロセスは熱CVDプロセスとプラズマCVDプロセスです。原料ガスを加熱やプラズマにより分解して、成膜種にするものです。

▶▶ 熱CVDプロセスのメカニズム

　熱CVDとは原料ガスを熱で分解し、成膜種を作り、ウェーハ上まで輸送し、成膜を行うもので、もっとも基本的なCVD法です。温度のかけ方で図表7-5-1に示すようにふたつの方法があります。ひとつはウェーハを反応炉（通常は耐熱性の点から石英が使用されます）の外側から加熱するタイプで**ホットウォール方式**と呼ばれるものです。前項で説明した酸化炉もこのタイプになります。図にも示すように大量のウェーハ処理が可能ですが、急激に温度を上げるわけにはいかないので、処理時間は長くなります。また、反応炉にも膜が付着するのも課題です。また、ガスをウェーハと垂直方向に流すため、ガスは上流側から消費され、炉の長さ方向で温度分布を調整する必要がありますが、大量処理が必要なプロセスでは重宝されています。圧力は**減圧**で成膜されるケースがほとんどで、**減圧CVD**と呼ばれます。

　一方、**コールドウォール方式**は図に示すように枚葉式の装置に多く、ウェーハを載置するステージ*を加熱して、ウェーハの温度を上げます。

　このため、反応チャンバーへの膜は付着が少ないですが、ステージの材料の耐熱性からヒータ温度に制限があり、500℃以下の**低温成膜**に使用されます。前記のホットウォールは500℃以上の**高温成膜**に使用されます。枚葉処理なので処理時間は短いですが、枚数が多いとそれだけ時間がかかります。**常圧CVD**やプラズマCVDもこの方式です。もちろん、減圧で成膜されることもあります。

▶▶ プラズマCVD法とは

　プラズマについてはエッチングの6-3や6-4で説明してありますので、そちらを参考にしてください。**プラズマCVD**のメリットはプラズマにより原料ガスの分解を図るので、成膜温度が低く抑えられるということです。ウェーハは図7-5-2のようにアノード側におく**アノードカップル**です。当初はアルミニウム配線の上の**保護**

*ステージ　サセプターと呼ぶこともある。

膜（**パシベーション**）形成に検討されましたが、現状は色々な成膜に使用されています。後述のlow-k膜もプラズマCVDで行う場合もあります。

　プラズマの発生方法は図に示したような平行平板の容量結合型だけでなく、高密度プラズマを発生するECR（Electron Cyclotron Resonance）放電を利用したものもあります。

熱CVD装置概念図（図表7-5-1）

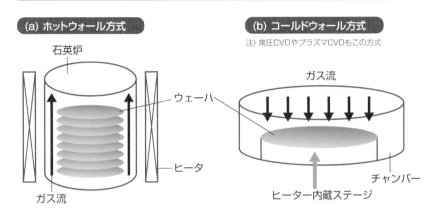

(a) ホットウォール方式

石英炉
ウェーハ
ヒータ
ガス流

(b) コールドウォール方式

注）常圧CVDやプラズマCVDもこの方式

ガス流
チャンバー
ヒーター内蔵ステージ

プラズマCVD装置；平行平板式の例（図表7-5-2）

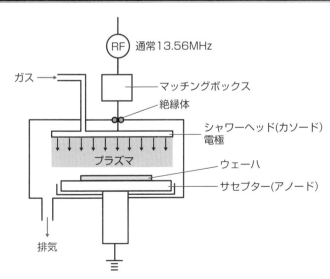

RF　通常13.56MHz
ガス
マッチングボックス
絶縁体
シャワーヘッド(カソード)
電極
プラズマ
ウェーハ
サセプター(アノード)
排気

金属膜に必要な
スパッタリングプロセス

LSIのバックエンドプロセスでは色々な配線が用いられ、その役目に応じて用いられる材料も異なります。これら配線用の金属はCVDなどで成膜が困難なので、スパッタリングという方法が用いられます。

▶▶ スパッタリング法の原理

スパッタリングは図表7-6-1に示すようにAr（アルゴン）のプラズマを発生させ、アルゴンイオンを**ターゲット**と呼ばれる金属のインゴットにぶつけて、金属原子をはじき出して、ウェーハ上に成膜するものです。エッチングの説明を借りるとターゲットをアルゴンイオンでエッチングしているような形態になります。プラズマを発生させるためにはもちろん真空にする必要があります。スパッタリングのArプラズマの真空度はプラズマCVDより2桁くらい高い真空度になっており、それだけの真空システムが必要になる分、装置は高価なものになります。このようにプラズマを用いることにより、色々な材料を成膜することが可能になります

一方でスパッタリング法を用いない**蒸着**という技術もあります。これは金属の原料をボートと呼ばれる入れ物に入れて、ヒータで直接加熱するか電子線で加熱し、金属原料を蒸発させウェーハ上に堆積させる方法です。しかし、融点が高い金属は蒸着が困難ということと蒸着源が点源（面積が小さいの意味）になりますので、ウェーハが大口径化した現状ではウェーハ内での均一性の点から使用されなくなりました。

▶▶ スパッタリング法のメリット・デメリット

スパッタ粒子はある方向性を持ってウェーハに向かって飛んでくるので、スパッタリング法ではカバレージが課題になります。カバレージの向上を目指し、色々な手法が考えられ、**コリメーター法**や**ロングスロー法**が考えられています。前者はスパッタ粒子の方向を揃えるための格子（コリメータ）をおくもの、後者はターゲットとウェーハの距離を離すものです。このようにスパッタリング法も色々改善が加えられ、順序が前後しますが、7-10のCu/low-k構造の**バリアメタル**や**Cuシード層**

の形成もスパッタリング法で行います。図表7-6-2にそのフローを示します。7-7も参考にして見てください。このような積層膜構造はマルチチャンバーのスパッタリング装置を用います。

　また、前者のバリアメタルはTiNやTiONなどのチタンの窒化物、窒酸化物が使用されます。これはArガスに、窒素や酸素を加えて、ターゲットから出てきたTi原子と窒素や酸素と反応させて形成するもので、**反応性スパッタリング法**と呼んでいます。

スパッタリング装置概念図（図表 7-6-1）

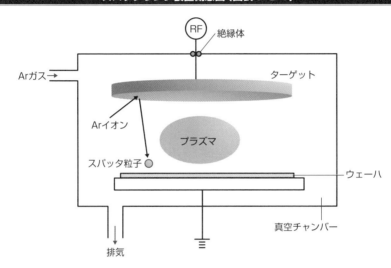

Cu シングルダマシンでのスパッタリングプロセス（図表 7-6-2）

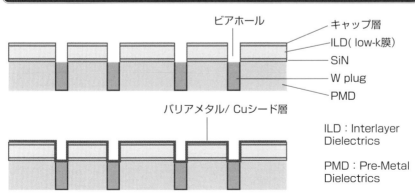

バリアメタル (Ti/TiON)/ Cu シード層 (Cu) 形成をスパッタリング法で行う。その後、次節の図 7-7-2 のようにビアホール内に Cu をメッキで形成し、ビアホール以外の Cu を CMP で除去する。これをシングルダマシンという。

7-7

Cu（銅）配線に欠かせない
メッキプロセス

7-10で説明するCu/low-kプロセスにも使用されているのがメッキプロセスです。
CuはCVD等で成膜が困難で、また、エッチングも難しい材料＊なのでメッキが用いら
れます。

▶▶ 何ゆえメッキ法か？

Cuの必要性については7-10で述べます。Cuのメッキプロセスは電解反応を利
用したもので、理科のCuメッキの実験と原理は同じです。電解液は硫酸銅が主体
で、色々な添加剤がノウハウになっています。Cuメッキ液という形で材料メーカが
製造販売しています。原理は同じでも300mmウェーハ内に均一にメッキするには
工業的な制御が必要なわけで半導体プロセス専用のCuメッキ装置があります。図
表7-7-1にその概要を示します。メッキ液中の泡の発生を防止したり、ウェーハ内
の成膜の均一性を保つためにウェーハは回転するようになっています。

▶▶ メッキプロセスの課題

実際のCuのメッキプロセスのフローはどうなっているのでしょうか？　図
7-7-2を用いて説明します。図の上には図表7-6-2で示したビアホール内にバリア
層とCuシード層が形成されたものを示します。Cuシード層はCuメッキが均一に
形状良く形成されるようCuを、前の節で述べたスパッタリング法で数10nmほど
形成したものです。この上にCuのメッキ膜を形成します。その際、ビアホール内に
もCuが形成され下の図のようになります。もちろん、ビアホール内にもCuシード
層が形成されています。後は余分なCuをCMPで除去するという流れになります。
ただし、このビアホールは100nmかそれ以下の微小なホールなので、図表7-7-3
に示すような埋め込み不良が現れることもあります。これはメッキプロセスのス
テップカバレージが悪くて、膜がビアホールの両側から成長する中間のところに**ボ
イド（void：すき間）**ができたり、それが極端になると右側の図のように、ビアホー
ル内に成膜しないオーバーハング形状になることもあります。そのためにもプロセ

＊**エッチングも難しい材料**　そのため、いわゆるCuダマシンプロセスが用いられる。8-6参照。

ス条件の管理もさることながら、メッキ液の管理などにも留意しています。

Cu メッキ装置の概要（図表 7-7-1）

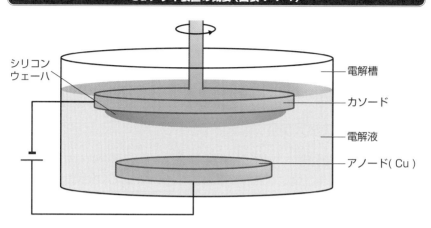

シリコン
ウェーハ

電解槽

カソード

電解液

アノード(Cu)

Cu メッキプロセスのフロー（図表 7-7-2）

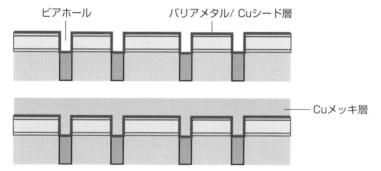

ビアホール

バリアメタル/ Cuシード層

Cuメッキ層

注）Cuメック後、余分なCu膜をCMPで除去するのがシングルダマシン法。

Cu メッキ後の埋め込み形状不良（図表 7-7-3）

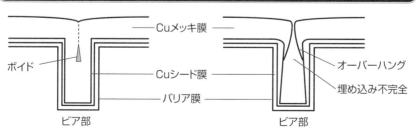

Cuメッキ膜

ボイド

Cuシード膜

オーバーハング

埋め込み不完全

バリア膜

ビア部

ビア部

low-k（低誘電率膜）にも
使用する塗布プロセス

膜の材料を有機溶剤などに溶かし、それを塗布することで成膜する技術も場合により必要になります。これが塗布プロセスです。このプロセスは7-10で説明するCu/low-kプロセスにも使用されています。

▶▶ 何ゆえ塗布プロセスか？

半導体の前工程プロセスでは塗布プロセス、すなわち、スピンコートプロセスが使用されています。例えば、5-6で述べたリソグラフィのレジストの塗布などです。これもある意味成膜の一種です。したがって、半導体用の薄膜を塗布プロセスで行おうという考えは自然なものといえます。装置構成が簡単になるので、**プロセスコスト**の低減に繋がるというメリットもあります。

ただし、一方で熱酸化や熱CVDなどに比較すると膜の安定性の面では多少低くなります。また、塗布プロセスは液相のプロセスですので、原材料を溶媒に溶かす必要があり、材料的な制約があります。現状、実用化されているのは絶縁膜がほとんどで、中でもシリコン酸化膜が主流です。これを**SOD**＊（Spin On Dielectrics）といいます。また、最近low-k膜の塗布も行われるようになりました。

レジストと同様にウェーハ上に均一の膜厚で成膜するため、ウェーハ1枚ずつ処理する枚葉式の装置が用いられます。ウェーハ表面を上向きに真空チャックで固定し、所定の量の材料を滴下し、その後、高速回転させ、ウェーハ上で均一の膜厚にする**スピンコータ**（回転式塗布装置）が用いられます。図表7-8-1にその概要を示します。図には便宜上描いてありませんが、レジスト同様、エッヂリンスやバックリンスの機能も付いています。これについては5-6を参考にしてください。膜厚は回転数と材料液の粘度で調整します。もちろん、回転数が高ければ膜厚は薄く、材料液の粘度が高ければ膜厚が厚くなります。この関係を図表7-8-2に示します。この後、溶媒を完全に除去し、膜を安定にするために300〜400℃くらいの熱処理を行います。この熱処理は塗布装置にインライン化されています。

＊**SOD** 主として絶縁膜はシリコン酸化膜なので、SOG（GはGlassの略）という呼び方が一般的になっている。

塗布プロセスの課題

　レジスト同様、材料の使用効率に問題があるので、複数のノズルを有し、ウェーハ上にスキャンしながら、材料液を滴下・塗布するスキャン塗布装置も考えられていますが、主流はスピンコートです。SODの場合は層間絶縁膜としてデバイスに残りますので、膜厚管理は厳密に行います。カップ内の雰囲気（温度、ガス分圧）のコントロールなども重要です。

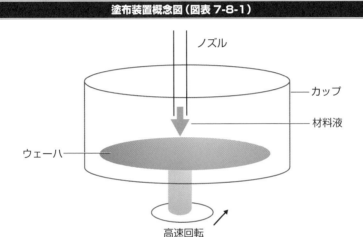

塗布装置概念図（図表 7-8-1）

ノズル

カップ

材料液

ウェーハ

高速回転

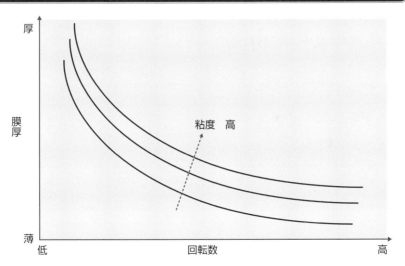

塗布膜厚のコントロール（図表 7-8-2）

厚

膜厚

粘度　高

薄

低　　　　　　回転数　　　　　高

high-kゲートスタックプロセス

最先端LSIではスケーリング則により、ゲート酸化膜が薄くなり、そのリーク電流が無視できなくなります。そこで活躍するのがhigh-kゲートスタック技術です。

►► ゲート材料の歴史

　成膜の話とは直接関係しないかもしれませんが、MOSトランジスタのゲート技術は半導体プロセスの基本中の基本ですので、歴史も含め、成膜との関係について触れておきたいと思います。図表7-9-1に示すように当初は (a) のAlゲートでした。ただ、この構造はAlの耐熱性の問題（4-7参照）からゲートをソース・ドレインより後付けで作製するために合わせの余裕を設けた構造なので微細化には不利でした。

　そのため、次に考えられたのは (b) に示すようにゲートをソース・ドレインより先付けで作製し、**自己整合的**（**セルフアライン**ともいいます）に拡散層を形成する方法です。これはポリシリコンの耐熱性が、ソース・ドレイン形成後の熱処理に耐えることが可能だからできる方法です。これをポリシリコンゲートといいます。図では**LDD***スペーサを設けた後にソース・ドレインを形成しています。現状はポリサイドゲートと呼ばれ、(c) に示すようにゲートがシリサイド、ポリシリコンの積層構造になっている以外は (b) に基本的に同じです。シリサイドと、ポリシリコンの積層構造をポリサイドと呼ぶのでポリサイドゲートといいます。次に述べるhigh-k膜ゲートスタックも基本的にはこの構造です。

►► high-kゲートスタック技術

　図表7-9-2に示すようにスケーリングによるゲート酸化膜の薄膜化により、ゲートの**リーク電流**の増大を招く結果になります。そのため、**high-k膜**で膜厚を厚くしてリーク電流を低減し、一方、実効的なゲート容量を維持するhigh-kゲート絶縁膜が必要になりました。high-kとはlow-kの逆で高誘電率膜のことです。一般にシリコン酸化膜の誘電率は4程度ですが、high-k膜とは10以上が目安になります。ただし、シリコン単結晶との界面は安定なシリコン酸化膜の方がいいので、薄い酸化膜との積層構造となり、例えば、$HfSiO(N)/SiO_2$や$HfAlO(N)/SiO_2$などの実用化が考

***LDD** Lightly Doped Drainの略。ドレイン付近での電界集中を緩和させるためのソースやドレインより不純物濃度の低い領域を設けた構造。9-5のフローでも触れる。

えられています。これらの成膜は減圧の熱CVD法などが主流です。これに対しては、一層ごと組成をコントロールして成膜できる**ALD**（Atomic Layer Deposition）法での成膜が検討されています。

ゲート電極構造の変遷（図表 7-9-1）

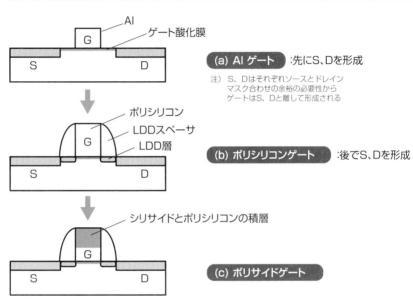

(a) Al ゲート :先にS、Dを形成

注）S、Dはそれぞれソースとドレイン
　　　マスク合わせの余裕の必要性から
　　　ゲートはS、Dと離して形成される

(b) ポリシリコンゲート :後でS、Dを形成

(c) ポリサイドゲート

注）図はわかりやすくするために縦横の比は無視しており、例えば、A1
　　ゲートの寸法はポリサイドゲートの寸法よりかなり大きいものです。

---

high-k ゲート絶縁膜の必要性（図表 7-9-2）

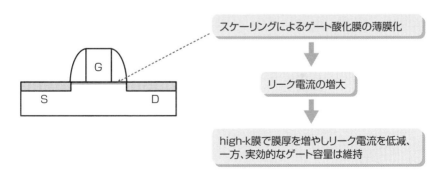

スケーリングによるゲート酸化膜の薄膜化

リーク電流の増大

high-k膜で膜厚を増やしリーク電流を低減、
一方、実効的なゲート容量は維持

ALDプロセスの基本

　図表7-9-3に示すようにALDプロセスは基本的に成膜とパージを繰り返し、膜を成長させてゆくものです。今まで述べた成膜方法と大きく異なる点はガスの供給に工夫を要することです。なぜなら1回の原料ガスの供給量にばらつきがあるとALDプロセスがうまくいかないからです。

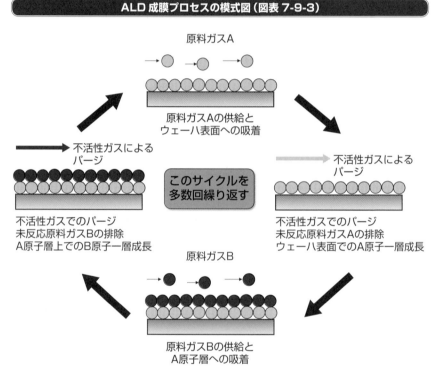

ALD 成膜プロセスの模式図（図表 7-9-3）

原料ガスA

原料ガスAの供給と
ウェーハ表面への吸着

不活性ガスによる
パージ

このサイクルを
多数回繰り返す

不活性ガスによる
パージ

不活性ガスでのパージ
未反応原料ガスBの排除
A原子層上でのB原子一層成長

不活性ガスでのパージ
未反応原料ガスAの排除
ウェーハ表面でのA原子一層成長

原料ガスB

原料ガスBの供給と
A原子層への吸着

　ここでは、high-k膜への応用を例として挙げましたが、次世代メモリの候補であるMRAM＊やFeRAM＊などに用いられる材料の成膜への応用も提案されています。それらの量産対応の装置も市場に出ています。このように成膜は今まで半導体プロセスになかった新規の材料を提供するポテンシャルを有しています。

＊MRAM　フラッシュメモリと同様の不揮発性メモリの一種で、強磁性体膜を用いる。
＊FeRAM　フラッシュメモリと同様の不揮発性メモリの一種で、強誘電体膜を用いる。

7-10

Cu/low-kプロセス

先端ロジックLSIでは配線遅延の問題から配線には銅（Cu）、層間絶縁膜には低誘電率膜（low-k）が使用されています。これをCu/low-kプロセスといいます。

▶▶ 何ゆえCu/low-kか？

先端CMOSロジックを中心に**Cu/low-kプロセス**が用いられています。何ゆえ、Cu/low-kを用いるのでしょう。それは微細化が関連しています。図表7-10-1を見てください。微細化に伴い、配線の幅がますます小さくなり、かつ、配線のピッチが狭くなるので配線間の層間絶縁膜の幅も小さくなります。このため、配線の抵抗値が大きくなり、配線間のギャップが小さくなるので配線間の**寄生容量***が無視できなくなります。このため、寄生容量Cと**配線抵抗**Rにより、**配線遅延の時定数CR**が発生します。配線遅延があるとLSIが性能どおりに機能してくれません。この配線遅延の低減には時定数CRの低減が必要となり、CはSiO2をlow-k膜（低誘電率膜）に交換、RはAlをCuに交換することが求められます。即ち、Cu/low-kが必要になるわけです。Cu膜は前述のようにメッキで、low-k膜はプラズマCVDや塗布プロセスで行います。

▶▶ 成膜から見たCu/low-kの課題

塗布プロセスは別として、成膜でのCu/low-kの課題は、Cu/low-k膜の成膜をどうするかということになります。このlow-k膜の構造は図表7-6-2に示すようにSiN膜、low-k膜、キャップ膜という積層膜になります。SiN膜やキャップ膜はCuの拡散を防止する役割を果たします。SiN膜やキャップ膜の誘電率はlow-k膜より高いので、全体の誘電率はこの積層構造を考慮した値に設計する必要があります。45nmノード以降では図表7-10-2に示すようにk値が2.5以下の膜が求められ、それには図に示すようにポーラスの膜で達成するしかありません。このため、この**ポーラスのlow-k膜**（ウルトラlow-k膜と称し、ULK膜と記す場合があります）を安定に形成する技術が必要になっています。成膜後に電子線やUV光でアニールして、k値の低減や機械的強度を向上させる手法も考えられています。

***寄生容量**　本来は容量を設計に入れてなかったもの。ただし、半導体では配線や拡散層があるため、構造的に予定しない容量が発生してしまうものを寄生容量という。微細化により、問題が顕在化しつつある。

CMPプロセスを用いるCu/low-k多層配線の形成方法や課題は8-6で触れます。

なお、図表7-10-2の右側に示すポーラスlow-k膜の誘電率は

$$k = k_b / \{1 + p(k_b - 1)\}$$

で示されます。ここでk_bはバルク部分の誘電率であり、pはポーラス部の体積の比率です。空気の誘電率は1になります。

なお、ウルトラLow-k膜を使用するにようになってからはCu/ULKという表記が一般的になっています。

Cu/low-k 構造が必要になる理由の概念図（図表 7-10-1）

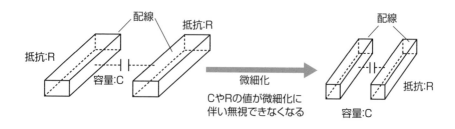

ポーラス low-k 膜の必要性（図表 7-10-2）

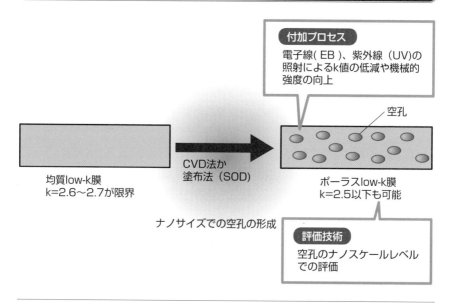

第 8 章

平坦化（CMP）プロセス

この章では LSI の多層配線化が進むにつれて、必須になったCMPプロセスを装置や消耗部材も含めて解説します。また、CMP のメカニズムに触れた後、CMP プロセスを多用するCu デュアルダマシン技術や CMP プロセスの課題についても触れます。

8-1

多層配線に欠かせない CMP プロセス

LSIがまだ2層配線の時代、平坦化技術（一部は平滑化のレベル）はエッチングや成膜の組合せで行えました。しかし、多層化が進むにつれて、CMPプロセスというウェーハ表面を平坦にする技術が必要になりました。

▶▶ 何ゆえCMPプロセスか？

ここではCMPプロセスが生まれてきた歴史的な背景を説明します。CMPプロセスが必要になったのはシステムLSIや先端CMOSロジックが発展する中で**多層配線**化が進んだためです。メモリではメモリセルはビット線とワード線の最低2層配線で済みますので、CMPは使用されていないケースがあります。多層配線が必要な理由は2-4でも触れましたが、先端ロジックLSIでは、既に回路の検証の済んだIPを組み合わせて、ロジックLSIの設計が行われています。新しい回路の検証には膨大な時間がかかるためといわれています。したがって、色々な回路ブロックを配線でつないで、LSIとして完成させます。これをビルディングブロック方式といいます。このような方法で作製しますので、必然的に配線が階層構造になり、多層配線が必要ということになります。3層以上の多層配線を形成するには**完全平坦化**が必要で、そのために90年代初頭からCMPの実用化が進みました。

▶▶ CMPプロセスまでの流れ

CMPが実用化されるまでにも平坦化の要求はありました。80年代から90年代にかけての平坦化配線形成技術の課題はふたつありました。ひとつは配線の幅と配線ピッチが、微細化により小さくなり、配線上に形成する層間絶縁膜が配線の間に埋まらなくなり、図表8-1-1に示すように "す" と呼ばれる**ボイド*** (void) が生じて、信頼性上、問題になることです。この配線間のギャップに層間絶縁膜をボイドなく埋め込む技術を**ギャップフィル** (Gap fill) といいます。第7章の成膜で述べたステップカバレージの向上が重要であり、色々なCVD法が考案されました (→9-3)。

***ボイド** 7-7も参照のこと。

　もうひとつは層間絶縁膜形成後、配線の上の段差をどう平坦化するかという問題です。平坦化というよりは平滑化と表現したほうがいいかも知れません。当時は塗布型の層間絶縁膜で平滑化したり、レジストエッチバックと呼ばれる技術を用いていました。後者の例を図表8-1-2に示します。ただ、この方法では完全平坦化ができませんでした。

ギャップフィル（Gap fill）技術（図表 8-1-1）

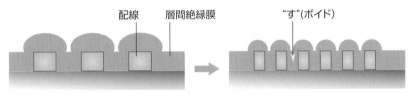

ギャップフィル:配線(M)間の隙間に層間絶縁膜(ILD)を埋め込む技術

平坦化の例─レジスト・エッチングバックの例（図表 8-1-2）

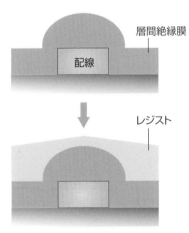

レジストの性質を利用して平滑化する。

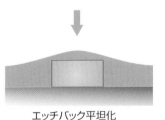

エッチバック平坦化
CF系ガスに酸素（O₂）を添加して
酸化膜とレジストのエッチレートを
同一にして全面エッチバックする。

8-2

先端リソグラフィを生かす
CMPプロセス

リソグラフィのところで述べた先端露光装置も露光面が平坦でないと、その解像度の特性が発揮できません。そのためにもCMPによる平坦化が欠かせません。

▶▶ 焦点深度の低下を救うCMP

8-1で述べた不完全な平坦化（平滑化）プロセスでは図表8-2-1の左の図のように更にその上に配線層を形成してゆくと配線が平坦にならないという問題が起こってきます。したがって、右の図に示すような完全平坦化が求められます。それはリソグラフィの問題からです。第5章のリソグラフィのところでも述べましたが、露光装置の解像度を上げるほど、焦点深度（DOF）が低下します。従って、微細化が進めば進むほど、即ち、解像度の高い露光装置を使用する場合ほど、露光する面の平坦化が必要になります。これにはCMPによる完全平坦化しか答えがなかったということです。

というわけでCMPはリソグラフィ技術の超解像度技術のひとつだという捉え方もあります。

▶▶ CMPが必要になる工程

先端CMOSロジックでは、CMPなくしてデバイスは作れませんといっても過言ではありません。図表8-2-2にそれらの断面図を模式的に示してみました。下から、STI（シャロートレンチアイソレーション：素子間分離）、Wプラグ前の層間絶縁膜（図ではPMDと記してあります。これはPre Metal Dielectricsの略です）、Wプラグ、更にその上に形成されるCuの配線と、CMPプロセスが必要なところはたくさんあります。このうち、Cu配線を作るCuデュアルダマシン技術は8-6で説明しますが、非常に複雑でコストのかかるプロセスになります。更に図でもわかるようにCuのCMPプロセスは配線層が増えれば増えるだけ必要なことがわかります。これはLSIチップのコスト高を招きますので、下層の配線だけをCuデュアルダマシンで形成し、上部の配線はAlで形成するという考えもあります。これだけのプロセスがあるわけですから、先端CMOSロジックのラインにはCMP装置がずらりと並んでいます。

不完全平坦化と完全平坦化の違い（図表 8-2-1）

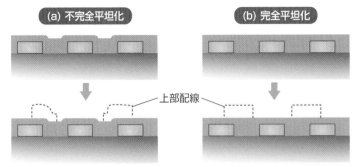

(a) 不完全平坦化　　　　　(b) 完全平坦化

上部配線

完全に平坦化しておかないと上部に配線を形成してもリソグラフィ装置の
DOFの問題でパターン幅が不安定に、また、形状も段差の影響を受けて不
安定になる。

先端 CMOS ロジックと CMP の使用例（図表 8-2-2）

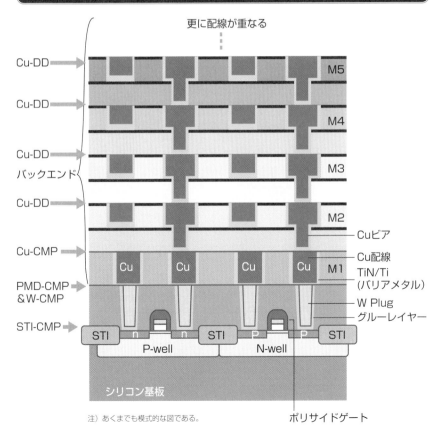

更に配線が重なる

Cu-DD ── M5

Cu-DD ── M4

Cu-DD ── M3
バックエンド

Cu-DD ── M2

Cuビア

Cu-CMP ── Cu　Cu　Cu　Cu　M1

Cu配線
TiN/Ti
（バリアメタル）

PMD-CMP
＆W-CMP

W Plug
グルーレイヤー

STI-CMP ── STI　n　n　STI　p　p　STI

P-well　　N-well

シリコン基板

注）あくまでも模式的な図である。

ポリサイドゲート

ウェットプロセス回帰のCMP装置

CMP装置は今まで説明した他の前工程の装置と異なり、機械的な加工をする装置です。プロセスにもその影響が出てきます。

▶▶ CMP装置とはどんなものか？

CMP装置は半導体ウェーハの表面をミラーポリッシュする際に用いられていたポリッシャーや第9章の9-2で説明するバックグラインダー（ウェーハの裏面を研削する装置）に似ています。いずれも機械加工装置であり、駆動部が多く、いわゆる真空プロセスではありません。特にポリッシャーでは研磨剤を使うところや水も大量に使うなどが共通です。

一般的なCMP装置を図表8-3-1に示します。一口で述べるとウェーハ裏面を**プラテン**と呼ばれる治具に吸着させ、ウェーハ表面を**研磨パッド**（パッドと略す場合があります）に押し付け（研磨パッドとプラテン双方を押し付けあうような形）、研磨パッド上には**スラリー**と呼ばれる研磨粒子と薬液を含んだ溶媒に研濁させた溶液を垂れ流し、ウェーハ表面を研磨するものです。研磨パッド上にスラリーが目詰まりするのを防止するため、**ドレッサー**（**コンディショナー**ともいいます）でin situにリフレッシュします。80年代からクリーンルームにはドライプロセス（エッチン

CMP装置の模式図（図表8-3-1）

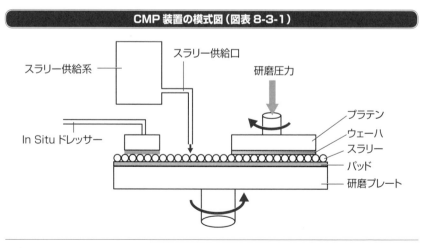

*ビルトイン　ここではCMP装置と一体化した意味。CMP装置に付属している。CMP装置メーカはトータルなソリューションを求められている。

グなど）がどんどん導入されてきたのですが、CMPはスラリーと呼ばれる溶液を使用するため、ドライプロセスからウェットプロセスへの回帰といわれました。また、クリーンルームにスラリーという微粒子を含んだ溶液を導入するにあたっては大いに抵抗がありました。ただ、私見ですが、前記のようにシリコンウェーハ製造でポリッシャーとして使用されていた経緯があり、半導体メーカではシリコンウェーハも内製していた時代もあったため、その抵抗も強いものではありませんでした。むしろ、前節で述べたようにCMPを用いて完全平坦化することが急務でした。

　スラリーの除去にはビルトイン*の洗浄装置が必要になります。また、CMP装置には当初30社ほどが参入を計画していたのですが、今は寡占化されています。

▶▶ 他の半導体プロセス装置に比較したCMP装置

　CMP装置は原理が単純ですが、その分、奥が深い面もあります。特に装置・装置周辺のメンテナンスが大変で、消耗品などの周辺技術の市場が装置と同じくらいの規模であるといわれています。製造現場での技術改良が色々必要と考えられます。一方、ドライエッチングのように典型的な真空プロセスとも似た側面もあります。図表8-3-2に参考までに示してみました。ごらんになってください。前工程のプロセス装置はこのような切り口で見ると共通点が多いのかもしれません。

ドライエッチング装置に比較したGMP装置（図表8-3-2）

目的は"不要なものを削る"
ということで共通

ドライイン・ドライアウト

スラリー　　ウエーハ　　ガス供給系　　シャワーヘッド電極

プラズマ

ウエーハ

CMP後洗浄と
Cu入Alエッチングの
コロージョン対策

排水系

終点検出の重要性
など共通の面もある。
（似た面）

非真空⇔真空プロセス
排水系⇔排気系
スラリー⇔エッチングガス
（似ていない面）

RF

排気系

消耗部材の多いCMPプロセス

CMPプロセスはスラリー、パッド、リテーナーリング、コンディショナーなどの消耗部材の多いプロセスです。その意味ではプロセスや装置の管理が重要です。

▶▶ どのような消耗品があるか?

前項で述べたようにCMP装置の原理はシンプルですが、装置・装置周辺のメンテナンスも大変で、消耗品など周辺技術の市場が大きく、装置と同じくらいなのが特徴です。CMP装置で用いられる消耗品は**スラリー**、**パッド**、**ドレッサー（コンディショナー）**、**リテーナーリング***など多彩です。しかも、これらの消耗剤がCMPプロセスの結果に大いに貢献しています。歴史的にはCMPプロセスがIBMで始まったので、これらの消耗品も米国の部材メーカが寡占化してきた経緯から、色々問題もありました。ここに来て国内のメーカが、かなり巻き返してきたという状況です。パッド、スラリーなども我が国の大手化学メーカも参入している激戦区になっています。以下に研磨パッドとスラリーの現状に触れます。

▶▶ 求められる性質とは

研磨パッドは**硬質パッド**と**軟質パッド**があります。両方組み合わせて用いる場合もあります。図表8-4-1に比較を示します。研磨パッドの場合は最大の課題は寿命です。通常、数百枚程度CMPを行うと交換する必要があります。交換の手間と交換後の条件の合わせこみで時間が取られるという問題があります。研磨パッドにはスラリーの保持のために溝が刻まれています。半導体メーカによってはその溝の形状をノウハウにしているところもあるようです。また、研磨パッドとスラリー、ドレッサーとの相性なども課題です。

スラリーはシリカ系だけでなく、色々なものが市場にできてきました。CMPを行う材料により、色々なラインナップをスラリーメーカで揃えています。図表8-4-2に各スラリーの比較をしておきます。スラリーの場合はコストが課題と考えられます。8-6で少し触れますが、CMPでの選択比が求められるようになりました。化学的作用と物理的作用のバランスを考慮することが必要です。

---

*リテーナーリング　CMP装置でウェーハの周辺に配置され、ウェーハと研磨パッドの接着をウェーハ中心と周辺で均一にする。図表8-3-1では便宜上、省略してある。

　スラリーは大量に使用しますし、前工程のラインには前述のようにCMP装置が、ずらりと並びます。そこでスラリーをオンデマンドでブレンドも含めて、フレッシュな状態で供給できるトータルなシステムが一般的になっています。これはスラリーの長寿命化には必要です。また、そういったシステムを扱うメーカも出てきました。

パッドの硬軟の一般的な比較（図表 8-4-1）

		軟質パッド	硬質パッド
CMP速度		一定	徐々に低下
ウェーハ間均一性		良好	制御困難
平坦化の範囲		短い	長い
欠陥	ディッシング	有り	少ない
	スクラッチ	少ない	有り

注）ディッシングやスクラッチについては8-6や8-7を参照のこと。

スラリーの分類の例（図表 8-4-2）

①スラリー材料での分類

スラリー材料	被CMP材料
シリカ系（SiO_2）	Si、層間絶縁膜、Poly-Si
セリア系（CeO_2）	層間絶縁膜、STI
アルミナ系（Al_2O_3）	層間絶縁膜、バリアメタル、Al、Cu、W
ジルコニア系（ZrO_2）	Si、ILD、low-k膜
マンガン系（MnO_2）	層間絶縁膜、バリアメタル、Al、Cu、W

②被CMP材料から見た薬剤

被CMP材料	薬剤
SiO_2	KOH、NH_4OH
W	KIO_3、$FeCN_3$、H_2O_2
Cu	商標化された薬剤など

8-5

CMPの平坦化メカニズム

CMPプロセスの平坦化のメカニズムは物理的な作用と化学的な作用の融合で起こっていると説明されています。

▶▶ Prestonの式

CMP加工量は**Prestonの式**で与えられます（図表8-5-1）。これはCMP速度が研磨の圧力、研磨の相対速度（パッドとプラテンは逆方向に回転しますので、相対速度は速くなります）、研磨時間に比例するというものです。比例定数ηは加工条件によって変わりますが、Preston係数と呼びます。ただ、いたずらに研磨圧力や研磨速度を上げるわけには行きませんので、おのずと決まった範囲になります。

これをCMPプロセスの結果を向上させるという視点から見ると、ウェーハ面内での加圧やウェーハとパッドの研磨速度の均一性をいかに図るかが鍵となります。もちろん、CMP条件もさることながら、CMP装置の構成や構造など、または研磨パッドやスラリーなどの消耗品の適合性などもパラメータになってきます。CMPのパラメータを抑えることはなかなか大変なのが現状です。

▶▶ 実際のCMPのメカニズム

実際のCMPで起こっていることを図表8-5-2に表してみました。これは前述のPrestonの式を実際のCMPの様子と重ねて描いたものです。図は便宜上、図表8-3-1と異なり、プラテン側を図の下側に描いてあります。pはパッドとプラテンの相対的な圧力でPrestonの式の研磨圧力に相当します。vは研磨パッドとプラテンの相対速度です。スラリーは図の左から右に供給され（ウェーハが研磨パッド上を右から左に移動）、研磨圧力によりスラリーの直下では歪エネルギーが生じ、これにより物理的なCMP反応が起こり、更にスラリー液に含まれる薬液成分で化学的なCMP反応が起こり、CMP反応の廃棄物が図の右側に除去されてゆきます。このようにCMP廃棄物の速やかなる除去も重要です。このことはエッチングで反応生成物の速やかなる除去が必要なのと共通です。図では便宜上、一個のスラリーで描いていますが、実際には数えきれないほどのスラリーが実際のCMPプロセスでは

実在していることはいうまでもありません。

　図表8-3-2にドライエッチングとCMPを比較した図を掲げましたが、上のメカニズムの図を見ても、エッチングとCMPは不要の部分を除去するという目的は共通であり、エッチングガスとスラリー（液も含む）とでは用いるものは異なりますが、その働きは似ていると思います。また、反応生成物の除去が重要であり、それぞれ廃ガスや廃液の処理が必要になることも似ています。実際のプロセスでも終点検出が課題ということも似ています。

Prestonの式（図表8-5-1）

Prestonの式

$$M = \eta \cdot p \cdot v \cdot t$$

Mは加工量、 pは加工圧力、 v は相対速度、 t は加工時間
η は加工条件によって決まるpreston係数

CMPのメカニズム（図表8-5-2）

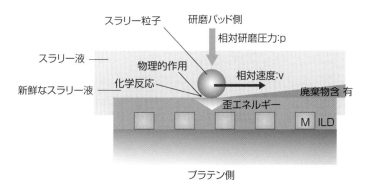

注）図中ではMはメタル配線、ILDは層間絶縁膜（Interlayer Dielectrics）の略である。

成膜のところで述べたCu/low-k構造にはCMPプロセスが欠かせません、ここでは
その中のデュアルダマシン技術について説明します。

▶▶ デュアルダマシン技術の背景

　Cu/low-kが必要な理由は第7章の成膜のところで説明しました。以下に記す
デュアルダマシン技術はCMPの特質をうまく使った技術で、Cuのドライエッチン
グが困難な弱点も見事にカバーしています。LSIの配線に使用されてきて、今でも
重宝されているAl（アルミニウム）は信頼性の観点からCuを用いるべきという議
論は古くからありました。一時はCuを少し添加したAl配線が使用されるケースも
ありました。しかし、Cuの最大のネックはドライエッチングが非常に困難という問
題でした。そこで考えられたのがダマシン技術というものです。これはあらかじめ、
ビアホールや配線のスペースを層間絶縁膜膜の中に形成しておき、そこにCuを埋
め込み、余分なCuをCMPで除去するという"逆転の発想"というべきものです。そ
の例としてシングルダマシン技術を7-6と7-7で説明しました。

▶▶ デュアルダマシンのフローとは

　実際のデュアルダマシンのフローを説明したいと思います。実は、このプロセス
フローは第9章のプロセスフローで述べる多層配線技術のフローに先行してここで
触れています。多少複雑でもあり、後で説明するよりここで触れておいた方が良い
と考えたからです。第9章でもう一度復習してください。図表8-6-1で説明いたし
ますと、まず、（a）に示すようにWプラグ上にシングルダマシン法で形成されたCu
の第一配線層上にキャップ層とlow-k層をこの順に二層積層し、更にその上に
キャップ膜を形成します。キャップ膜はlow-k膜を保護する役割をします。その後、
（b）に示すように2回のリソグラフィとエッチングでこの積層膜にビアホール*と
配線（Cuの第二配線になります）のパターンを形成します。その中に（c）に示すよ

＊ビアホール　　　　　　上下の配線層を接続するメタルを埋め込む孔部。
＊バリア層・シード層　　バリア層はCuの層間絶縁膜への拡散を防ぐ目的で、シード層はCuのメッキが円滑に進む目
　　　　　　　　　　　　的で形成するもの。

うに**バリア層とCuシード層***を形成し、Cuをメッキします。最後に余分なCuを
CMPします。なお、この方法ではビアホールを先に形成することからビアファース
トと呼びます。

　このようにデュアルダマシン技術はビアと配線が同時に形成できることが特徴で
す。この後もこのデュアルダマシン技術を用いて、上層のCu配線を形成してゆくこ
とになります。このようにデュアルダマシン技術は先端CMOSロジックの多層配線
技術には欠かせないプロセスになっています。デュアルダマシン技術ですが、通常
のAl配線プロセスと違うのは図表8-6-2に示すようにCMP面は層間絶縁膜やCu
膜が混在する面となり、Al配線の場合の層間絶縁膜だけのCMPとは異なる精細な
CMPプロセスが求められます。なお、ダマシン（damascene）の語源ですが、ダ
マスカス地方の象眼による装飾模様から考えられたようです。

　実用化が進んだ現状でも、8-7でも述べるようなパターン依存性の問題がありま
す。図表8-6-3にその例を示します。このうち、エロージョンはパターン密度が高
いところで起こるもので、CMPを望まない部分（図の灰色の部分）までもが、CMP
されてしまう現象です。

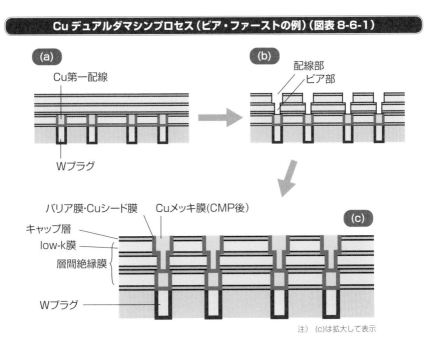

Cu デュアルダマシンプロセス（ビア・ファーストの例）（図表8-6-1）

注） (c)は拡大して表示

　ディッシングはパターンの広い部分で起こり、CMP後の形状が "皿" (英語で dish) のようになることから、名付けられています。研磨パッドの変形によるものといわれています。

Cu/low-k 構造の CMP の課題　その 1 (図表 8-6-2)

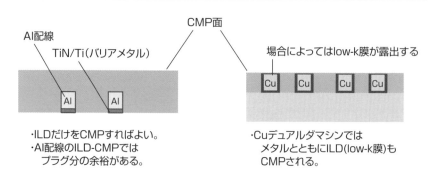

CMP面

AI配線

TiN/Ti(バリアメタル)

場合によってはlow-k膜が露出する

・ILDだけをCMPすればよい。
・AI配線のILD-CMPでは
　プラグ分の余裕がある。

・CuデュアルダマシンではメタルとともにILD(low-k膜)もCMPされる。

Cu/low-k 構造の CMP の課題　その 2　パターン依存性 (図表 8-6-3)

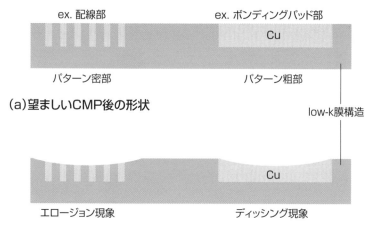

ex. 配線部

ex. ボンディングパッド部

Cu

パターン密部

パターン粗部

(a)望ましいCMP後の形状

low-k膜構造

Cu

エロージョン現象

ディッシング現象

(b)パターン依存症の起こった形状

8-7

課題も山積のCMPプロセス

多層配線が続く限り、CMPプロセスがなくなることはありません。それゆえ、色々な課題がまだあります。

▶▶ CMPがもたらす欠陥とは？

CMPがウェーハの表面を機械的に加工するプロセスですので、適切に処理しないと却って、下地形状に欠陥などを誘発する場合があります。また、スラリーという研磨粒子は完全に除去しないとそのままパーティクルとなりますので、歩留まりに影響を及ぼしてしまう場合があります。図表8-7-1にその主な例を示します。これらの欠陥はそのままでもデバイスの不良を招く場合があります。更にその後のプロセス処理により、デバイスの不良を招く可能性があります。それを図表8-7-2の下の図に示します。たとえば、Wプラグ形成前の**マイクロスクラッチ**があるとそこにW膜が埋め込まれ、更にWプラグCMPを行うとそのマイクロスクラッチにWストライプが形成され、その上部配線をショートさせるような場合があります。

層間絶縁CMP欠陥の主な例（図表8-7-1）

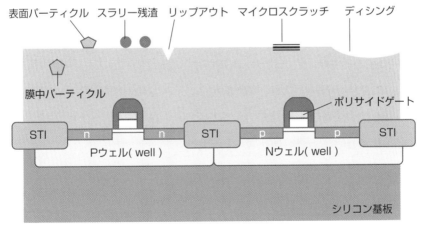

表面パーティクル　スラリー残渣　リップアウト　マイクロスクラッチ　ディシング

膜中パーティクル

ポリサイドゲート

STI　n　n　STI　p　p　STI

Pウェル(well)　Nウェル(well)

シリコン基板

注）CMOSロジックデバイスのWプラグ形成前の層間絶縁膜の例。
これをメタル配線前ということでPMD(Pre Metal Dielectrics)と呼ぶ。

＊**STI**　Shallow Trench Isolationの略で素子間分離と訳される。トランジスタなどのデバイスどうしを電気的に切り離すためにシリコン基板に埋め込んだ絶縁膜のこと。

▶▶ CMPに見られるパターン依存性とは

STI*のCMPで見られる例を図表8-7-3に示しました。これはCMP速度がパターンの粗密の影響を受けて、パターンの密なところでは、CuCMPのエロージョンとは逆にCMP残りができてしまい、パターンの粗なところでは、ディッシングと呼ばれる窪みがCuCMPと同様に形成される例です。このようにCMPする材料によってパターン依存性が異なる場合もあります。一方、WプラグCMPのような一定のパターン（ビアホール）のみがある場合は、あまり起こりません。もっともパターン依存性はCMPだけでなく、他のプロセスでも良く見られる現象です。

層間絶縁膜 CMP 欠陥がもたらす不良（図表 8-7-2）

欠 陥	不 良
膜中パーティクル	配線不良、コンタクト不良
表面パーティクル	配線不良、コンタクト不良
スラリー残渣	配線不良、コンタクト不良
リップアウト	配線ショート
マイクロスクラッチ	配線ショート
ディッシング	パターニング不良

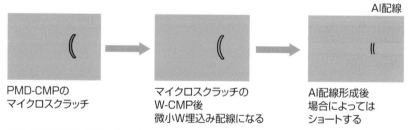

AI配線

PMD-CMPの
マイクロスクラッチ

マイクロスクラッチの
W-CMP後
微小W埋込み配線になる

AI配線形成後
場合によっては
ショートする

・欠陥の発生場所に依る→配線やコンタクトホール以外は問題にはならないケースがある。

STI-CMP のパターン依存性（図表 8-7-3）

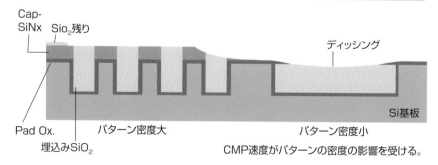

Cap-
SiNx　Sio$_2$残り

ディッシング

Pad Ox.
埋込みSiO$_2$

パターン密度大

Si基板

パターン密度小
CMP速度がパターンの密度の影響を受ける。

第 **9** 章

CMOS プロセスフロー

この章では主にロジック LSI に使用される CMOS プロセスの大まかなフローについてふれます。紙面の都合上、フロントエンドが主ですが、フローの概要と今まで述べたプロセスがどのように使用されるのかを理解できるものと思います。便宜上、回路図や論理図が出てきますが、苦手な読者は飛ばして読んでください。以下、「CMOS 構造形成」、「トランジスタ形成」、「電極形成」の順に述べます。

CMOS とは

今まで述べた前工程プロセスを組み合わせて、CMOSロジックを作るわけですが、いきなりプロセスフローに入る前の導入として、CMOSとは何かについてふれてゆきます。ご存知の方は飛ばしてください。

▶▶ CMOSの必要性

トランジスタの動作についてあまり詳しくない読者もいるかと思いますので、できるだけ易しく説明します。

トランジスタの動作の基本はスイッチング機能です。これは一口にいうと電流をオン・オフする機能です。MOSトランジスタのスイッチング機能を利用して、デジタル回路を形成してゆくときに必要になるのがCMOSです。

図表9-1-1にCMOSデバイスの基本的な構造となる断面を示しました。本章ではこの図を基本に述べてゆきます。ここで素子分離領域とかウェルとか聞き覚えのない方もいるかと思いますが、以下のプロセスフローで説明します。

CMOS 構造の断面図（図表 9-1-1）

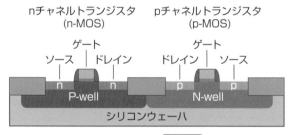

nチャネルトランジスタ (n-MOS)　pチャネルトランジスタ (p-MOS)

（注）構造を模式的に示したもの。実際のデバイスでの位置関係は少し異なる。

前述のスイッチング機能とは電流を"高速"でオン・オフできることです。半導体出現以前で使用された真空管にもスイッチング機能があり、当初のコンピュータも真空管で作られていました。真空管ではコンピュータが大きくなり過ぎますし、発

熱が多過ぎます。なぜなら真空管の中の熱フィラメントで電子を発生させるからです。しかも、そのフィラメントが切れやすいというのも困りものです。そうした課題が半導体を使ったコンピュータへのモチベーションになりました。

コンピュータはご存知のように2進法によりデジタル処理を用います。それにはMOSトランジスタのスイッチング機能が欠かせません。更にこのデジタル処理技術は巨大コンピュータのような産業機器から、マイコン、PC、スマホと機器は変りましたが、個人のパーソナルユースへと変ってきました。更にデジタル家電、デジタルモバイル機器は我々の生活には必須アイテムになっています。

ニーズとして高速性の他にもうひとつあります。皆さんの身の回りにあるデジタル機器、このモバイル化がどんどん進んでいますが、モバイル化のためには電池の寿命を長くする必要があり、半導体デバイスの視点からいえば、半導体デバイスの"省電力化"を如何にして図るかということです。

そうなれば、充電後の使用時間が増えるからです。そのためには技術的な説明は後になりますが、CMOS化は欠かせません。

▶▶ CMOSの基本構成

半導体デバイスについて知見のない読者には、以降は少し難しい話になるかもしれませんが、できるだけ易しく進めます。

CMOSとはComplementary　MOSの略で相補型MOSと訳されていますが、nチャネルMOSトランジスタとpチャネルMOSトランジスタの組み合わせでお互いが負荷抵抗になるように接続され、動作時に省電力化を図るものです。

回路図では図表9-1-2に示すようになります。図のようにnチャネルMOSトランジスタ（以降、n-MOSトランジスタ）とpチャネルMOSトランジスタ（以降、p-MOSトランジスタ）のドレイン（D）が接続され、前者のソース（S）はアースに、後者のソースは電源ラインに接続されています。両者のドレインは共通となって出力（out）端子となります。また入力端子（in）は両方のトランジスタのゲート電圧となります。"nチャネルMOSトランジスタとpチャネルMOSトランジスタの組み合わせで、お互いが負荷抵抗になるように接続"といわれてもピンとこないと思いますが、これについては次の節で詳しく説明しますので、ここでは読み流しておくだけでけっこうです。

第9章　CMOSプロセスフロー

CMOS インバーター回路（図表 9-1-2）

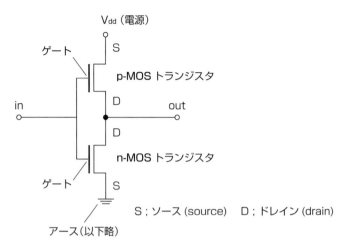

Vdd（電源）

S

ゲート

p-MOS トランジスタ

D

in   out

D

n-MOS トランジスタ

ゲート

S

S；ソース (source)　D；ドレイン (drain)

アース（以下略）

(注)上図は図表 9-1-1 を左に 90 度回転したものに相当する

　お互いのトランジスタが、それぞれ負荷になる構成にするために占有面積が増える、工程が増える、などの問題もありますが、現在では後のプロセスフローに出てくるツインウェルプロセスなどで対応しています。

　CMOSのアイディアは既に1963年に第3章で出てきたRCAの研究者らによって提案されていたといいます。しかし、製造プロセス的には実現可能ではなく、実用化されたのは1970年代以降のことです。なお、CMOSの作り方はウェルがひとつのものもありますが、今はツインウェルが主流です。これは高エネルギーで不純物のイオンを打ち込む高エネルギーイオン・インプランテーション技術（第4章）の発展に伴うものと考えてよいと思います。

　それ以前は長時間で不純物を深く拡散する方法しかありませんでした。高エネルギーイオン・インプランテーション技術ならツインウェルを簡単に作製できますので、ツインウェルが主流になりました。本書では主流のツインウェルの例で説明してゆきます。

9-2

CMOSの効果

ここでは、CMOSの代表的な働きであるインバータを説明します。一口にいうと「1→0」または「0→1」の変換に用います。

▶▶ インバータとは？

ここでは、ロジックLSIを構成する基本ゲートのうち、インバータを紹介しましょう。

基本ゲートとは信号の変換を行うものです。インバータという用語はパワー半導体にもあります。交流を直流に、あるいは直流を交流に変換するものです。このように同じ用語でも分野が異なると違う意味で使用されることが半導体でもあります。

ここでは筆者なりの言葉で "信号の変換" として紹介しておきます。

電子回路を用いた論理回路では二進法を用います。十進法では、数は0、1、2、3……ですが、二進法ではそれが0、1、10、11……に相当します。

電子回路では相対的に電圧の高い状態 (high) と低い状態 (low) しか作れませんので、必然的に二進法で表すしかないと理解してください。

ここで電圧の高い状態を1、低い状態を0として表すのが半導体デジタル技術の約束事です。これで論理回路を組んだ場合、1から0への変換、逆に0から1への変換が必要な場合があります。この作用をデジタル技術の分野では "インバータ" と呼びます。

▶▶ CMOSインバータの動作

ここで典型的なインバータであるCMOSインバータの動作を説明します。

まずは、CMOSとは何かということですが、図表9-2-1の左側を見ていただくとわかるようにCMOSとはn-MOSトランジスタとp-MOSトランジスタを、それぞれのゲートとドレインを共通にして組み合わせた構造になっており、ゲート側が入力、ドレイン側が出力になっております。上記の電圧の高い状態 (high) が電源 (V_{dd})、低い状態 (low) がアースになります。

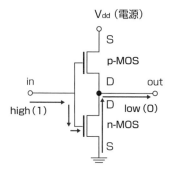

V_dd（電源）

p-MOSとn-MOSが一組で、基本ゲートを
形成し、双方が補い合って動作する。

入力	p-MOS	n-MOS
0 (low)	on	off
1 (high)	off	on

low (0) が
出力

また、p-MOSトランジスタのソースは電源ライン（V_dd）に、n-MOSトランジスタのソースはアースに接続されています。

このn-MOSトランジスタ（以下、単にn-MOS）とp-MOSトランジスタ（以下、単にp-MOS）をそれぞれのゲートとドレインを共通にして組み合わせた構造になっていることがミソであり、図表9-2-1に示すように入力に1（高い方の電圧）を印可するとMOSトランジスタの動作の原理上、n-MOSだけがオンし、p-MOSはオフのままです。

したがって、図中にアースで表した電圧（低い電圧：0）がn-MOSのソースからドレインに流れ出力されます。図中の右の表に示したような変換になります。

逆に図表9-2-2に示すように入力に0（低い方の電圧）を印可するとp-MOSだけがオンし、n-MOSはオフのままです。

したがって、図中にV_ddで表した電圧（高い電圧：1）がp-MOSのソースからド

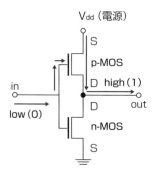

V_dd（電源）

p-MOSとn-MOSが一組で、基本ゲートを
形成し、双方が補い合って動作する。

入力	p-MOS	n-MOS
0 (low)	on	off
1 (high)	off	on

high (1) が
出力

レインに流れhigh（1）が出力されます。すなわち、図中の表に記したような変換が行われることになり、これがCMOSインバータの動作になります。

　紙面の関係で簡単にしか記せませんでしたが、興味のある方は半導体デバイスの動作を解説した本を参考にしてください。

　拙著で恐縮ですが、"図解入門よくわかる最新　パワー半導体の基本と仕組み第2版" にはMOSトランジスタの動作について少し述べておりますし、パワー半導体の場合のインバータ動作にもふれていますので参考になれば幸いです。

　一方、CMOS構造でないと負荷として図表9-2-3に示すようにp-MOSの代わりに高抵抗（R$_L$）を用いることになります。すなわち「1→0」の変換の際は図表9-2-1と同じ動作となりlow（0）が出力されますが、「0→1」の変換の際にはn-MOSはオフになるのでV$_{dd}$より抵抗R$_L$に電流が流れhigh（1）が出力されます。このときの抵抗を流れる負荷電流が電力のロスになります。これは抵抗を電流が流れるために電力負荷が大きくなり、低電圧動作ができなくなります。一方で半導体デバイスに不案内な方には申訳ないですが、ここで用いているn-MOS、p-MOSの動作時の抵抗（これをオン抵抗といいます）が小さいためCMOSでは電力負荷が少ないということです。

　以上、ごく簡単にCMOSインバータを用いた "信号の変換" について触れてみました。

CMOS以外の基本ゲートの作用（図表9-2-3）

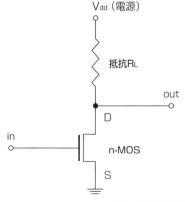

V$_{dd}$（電源）

抵抗R$_L$

out

D

in

n-MOS

S

基本ゲート構成

in	out
0	1
1	0

V$_{dd}$から抵抗を経由して大きな電流が流れる。

入力	RL	n-MOS
0（low）	on	off
1（high）	off	on

（注）この方式を高抵抗負荷型という。

CMOS構造作製（その１）素子間分離領域

　ここでは、CMOS構造を作製する上で土台となる素子間分離領域の形成フローについて述べます。素子とはここではトランジスタ自体を表し、そのすみ分け領域を作ることです。

▶▶ 素子間分離とは？

　LSIはトランジスタなどの半導体素子の集合体ですから、配線パターンを施し、必要な信号のやり取りをして動作を行います。

　しかし、各素子が配線以外に電気的につながることは誤動作＊を引き起こしますので、各素子を電気的に絶縁する必要があり、それを**素子間分離**と呼びます。

　少し無理なたとえかもしれませんが、マンションの各戸の間仕切りとか田んぼのあぜ道を思い起こしてはどうでしょう？

▶▶ LOCOSからSTIへ

　以前はLOCOS（Local Oxidation of Silicon）という方法が用いられてきました。通常、ローコスとかロコスと呼んでいます。

　これはシリコンウェーハの表面を必要なところだけ厚く酸化して隣接する素子間の絶縁を行うものです。この方法では酸化プロセスの原理上、ウェーハの厚さ方向だけでなく横方向にも酸化が進む（7-1）ので、微細化には対応できません。

　そこで、**STI**（Shallow Trench Isolation）に替わっています。適当な和訳がなく、このまま**シャロートレンチアイソレーション**＊と呼んでいます。

　以下、プロセスフローを説明します。

▶▶ 実際のフローとは？

　まず、図表9-3-1に示すようにシリコンウェーハを充分に洗浄した後、パッド酸化膜と耐酸化膜としてシリコン窒化膜を形成します。

＊シャロートレンチ　DRAMなどのキャパシタ膜をその面積を稼ぐため、深いトレンチに形成するのに対して、深さが浅い（シャロー）ので、命名された。

＊誤動作　　　　　　これの原因をなるものを寄生デバイスという。

素子分離領域形成 －シャロートレンチエッチングー （図表 9-3-1）

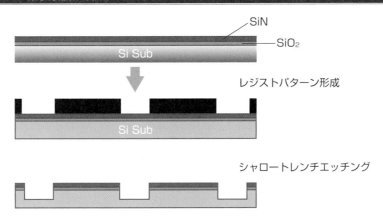

SiN
SiO₂
Si Sub

レジストパターン形成

Si Sub

シャロートレンチエッチング

素子分離領域形成 －埋め込み酸化膜形成－ （図表 9-3-2）

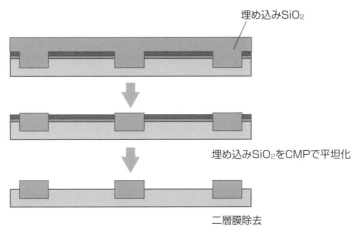

埋め込みSiO₂

埋め込みSiO₂をCMPで平坦化

二層膜除去

注）図はわかりやすさのため縦横の縮尺は正確ではない。以降同様。

　パッド酸化膜はシリコンとシリコン窒化膜の応力緩和の役目もします。前者は非常に薄く、数nmの厚さで、熱酸化法（7-4）で後者は数百nmの厚さで、減圧CVD法（7-5）で形成します。

　その後、リソグラフィーでレジストパターンを形成し、STI領域にエッチングで浅い溝を形成します。その溝に図表9-3-2に示すように、このシャロートレンチ領域

に埋め込み性のいいCVD法で埋め込み酸化膜を形成します。

　後はCMPプロセス（第8章）で余分な埋め込み酸化膜を除去し、シャロートレンチ領域内だけに残すようにします。このときに、シリコン窒化膜がCMPプロセス時のストッパーにもなっています。

　最後に耐酸化膜のシリコン窒素化膜を除去します。この作業は薬液によるいわゆる"ウェットエッチング"で行っています。

　このプロセスでは各要素プロセス（洗浄は図中には記しておりません）が、どの順番で何度使用されている数えてみてください。例えば成膜ですと2回使用されています。1-3で述べてように前工程は各要素プロセスを何度も繰り返す"循環型"のプロセスであることがわかると思います。

▶▶ ギャップフィルの成膜技術

　8-1で配線の間を隙間なく埋める成膜プロセスを**ギャップフィル**というと述べました。STIでもシリコンの溝に隙間なく埋めるギャップフィルが必要です。8-1では紙数の都合で説明できませんでしたので、ここで簡単に触れておきます。

　図表9-3-3にその代表的な方法を示します。具体的には成膜とエッチングを同時に行う方法です。図表9-3-3に示すように成膜は全体的に膜成長が起こります（ステップカバレージの問題はありますが）。しかし、イオンによるエッチング（スパッタエッチングといいます）は図のようにコーナーのところでエッチレートが平坦部より大きくなるので、コーナーのところがエッチングされ、隙間なくギャップフィルができます。

ギャップフィル成膜の例（図表 9-3-3）

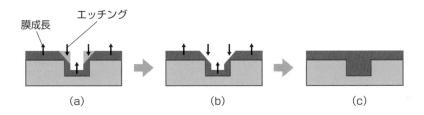

膜成長　　エッチング

(a)　　　　　　(b)　　　　　　(c)

注）成膜とエッチングを同時に進め、コーナー部でエッチングが増加し（a）、更に進めてゆくと
　　（b）開口部が上部に拡大し、全体的に隙間なく成膜できる。

9-4

CMOS構造作製（その2）
ウェル形成

ウェル（well）とは井戸のことですが、n領域とp領域の両方が接続しているのがツインウェルです。

▶▶ ウェルとは？

上述のように**ウェル**とは井戸のことですが、フローの中で説明しますようにn型、p型の不純物の深い拡散領域を形成するので、この名が付いたものと思います。第1章で述べたようにシリコンウェーハにはあらかじめ入れた不純物の種類によってn型とp型のシリコンウェーハがあります。前者は電子が多数キャリア、後者は正孔が多数キャリアになります。

しかし、もともとのシリコンウェーハの不純物濃度とウェルに必要な不純物濃度は異なるので、シリコンウェーハ自体の不純物の種類にに依らず、n型およびp型のウェル領域を形成するのが一般的です。これをツインウェルと呼びます。

素子間分離のところで述べたマンションに例えれば、少し無理がありますが、隣り合った部屋が洋室と和室で、それぞれの使い分けをするようなものです。

▶▶ 実際のフローとは？

ここではn型およびp型のウェルを作るので、それぞれの領域に不純物の型に合わせて、必要なイオンを打ち分けるという手法を取ります。ここで必要なリソグラフィーは、図でも明らかなようにラフなパターンでいいことになります。

まず、図表9-4-1に示すようにシリコンウェーハ上に薄い犠牲酸化膜を形成入します。これは熱酸化プロセス（7-4）です。

この犠牲酸化膜の役割ですが、ウェル形成をイオン注入法で行う際にイオン注入の深さを整える役割をします。その後にまず、図表9-4-1に示すようにpウェル領域になるところの上をリソグラフィープロセスによってレジストでカバーし、nウェル領域になるところにn型不純物をイオン注入します。

イオンはシリコンウェーハに打ち込まれます。STI領域には打ち込まれません。

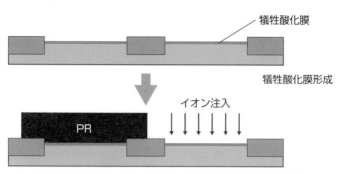

ウェル形成 N-well 領域（図表 9-4-1）

犠牲酸化膜

犠牲酸化膜形成

イオン注入

PR

N-well形成

前述のようにウェルは比較的深く不純物を注入しますので、高エネルギー型のイオン注入装置を用います。4-3で述べた色々なイオン注入法があることが理解できると思います。その後に不要になったレジストをアッシングで除去します。

　その後、図表9-4-2に示すように今度は逆にnウェル領域の上をリソグラフィープロセスによってレジストでカバーし、pウェル領域になる領域にp型不純物をイオン注入します。同様に高エネルギー型のイオン注入装置を用います。その後不要になったレジストをアッシングで除去し、更に犠牲酸化膜を除去します。その後、n型およびp型ウェル領域を活性化アニールしてツインウェルができます。

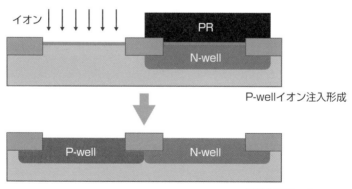

ウェル形成　P-well 領域（図表 9-4-2）

イオン

PR

N-well

P-wellイオン注入形成

P-well　　　N-well

活性化アニール

注）図でウェルの型は大文字にしてる。9-6のn-MOSとp-MOSと区別するため。

9-5

トランジスタ形成（その１）
ゲート形成

以下、２節に分けてトランジスタの形成フローについて述べます。まずはMOSトランジスタの命ともいうべきゲート形成です。

▶▶ ゲートとは？

先端ロジックでは高速・低電圧動作が求められますので、ゲート長の微細化を図る必要があります。これは、第２章の前半で述べたところです。そのため、ゲート電極パターンをリソグラフィープロセスで形成する際は、最先端のリソグラフィー装置・プロセスを用いて行われます。この最先端技術を用いたパターンをリソグラフィーの用語で"クリティカル（critical）レイヤー"と呼びます。

▶▶ 自己整合プロセス

このゲート電極形成はトランジスタ形成プロセスの中でソース・ドレイン形成よりも先に行われます。これは第７章の図表7-9-1で説明したように**自己整合プロセス**でソース・ドレインを成形するためです。この自己整合プロセスを用いることでリソグラフィー工程をひとつ省略でき、コストダウンが図れます。

▶▶ 実際のフローとは？

まず、図表9-5-1に示すようにゲート酸化膜とゲート電極材料になるポリシリコン膜とシリサイド膜*の積層膜を形成します。図では繁雑になるので単層で示しています。

なお、この積層膜を**ポリサイド**膜と呼びます。本書でもその名称を使用します。これは減圧CVD法を用いて形成します。ポリシリコン膜だけを形成して後でサリサイドプロセス*を用いて、ポリシリコン・シリサイド膜の積層構造にする場合もあります。その後にゲート電極のレジストパターニングをリソグラフィーで行います。

その後、図表9-5-2に示すようにこのレジストをマスクにポリサイド膜をドライ

***シリサイド膜**　　　　金属とシリコンの化合物の膜
***サリサイドプロセス**　シリサイドを作る金属をポリシリコンの上に成膜し、その後熱処理によってポリサイド膜を形成するプロセス

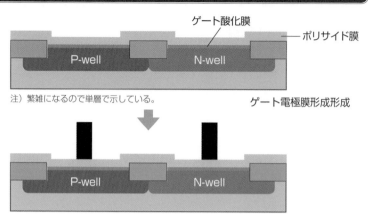

ゲート電極形成（その1）（図表9-5-1）

ゲート酸化膜

ポリサイド膜

P-well　N-well

注）繁雑になるので単層で示している。　ゲート電極膜形成形成

P-well　N-well

レジストパターン形成

エッチングし、不要になったレジストをアッシングで除去します。

　いうまでもなく、レジスト寸法に忠実な異方性エッチングと下地層であるシリコン酸化膜との高い選択比が求められます。このゲート電極の周りにトランジスタのソース・ドレインになる部分が形成されるために、シリコン酸化膜の表面にダメージを与えないためです。

　その後シリコン酸化膜をプラズマCVD法で形成し、自己整合的にゲート電極の両脇にLDD膜を形成します。これは少し難しい話になりますが、微細なトランジスタのゲート電極近傍での電界を緩和するなどが理由です（→7-9脚注）。

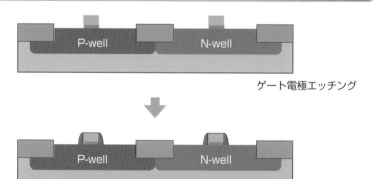

ゲート電極形成（その2）　サイドウォール形（図表9-5-2）

P-well　N-well

ゲート電極エッチング

P-well　N-well

サイドウォール形成

トランジスタ形成（その2）
ソース・ドレイン

この節ではトランジスタの形成フローのうち、ソース・ドレインの形成について述べます。イオン注入・熱処理プロセスがメインです。

▶▶ ソース・ドレインとは？

本章の9-1および9-2で簡単に説明しましたが、MOSトランジスタはn型でもp型でもゲート電極に印加する電圧の作用でソース・ドレイン間の電流をオン・オフするスイッチング動作をします。つまり、ソース・ドレインはこの動作に欠かせないトランジスタの構成要素です。

▶▶ 実際のフローとは？

ここでは、n型およびp型トランジスタを作るので、ウェル形成のときと同じように不純物の型に合わせて、必要なイオンを打ち分けるという手法を取ります。

ここで必要なリソグラフィーはウェル形成と同様にラフなパターンでいいことになります。その点は前節のゲート形成プロセスとは異なります。

ソース・ドレイン形成（その1）－nチャネルトランジスタ形成－（図表 9-6-1）

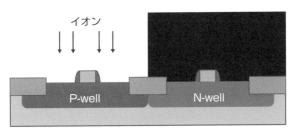

nチャネルのイオン注入

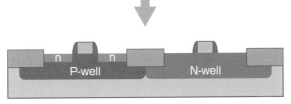

nチャネル形成

まず、図表9-6-1に示すようにnウェル領域の上をリソグラフィープロセスによってレジストでカバーし、pウェル領域にn型不純物をイオン注入します。

このようにソース・ドレインにはウェルと逆の型の不純物を注入します。このときにゲート電極がマスクとなって、ソース・ドレインが分離されます。これも自己整合プロセスのひとつです。

なお、ソース・ドレインはスケーリング則に従い、極浅く、イオンを注入します。4-3で触れましたが、ソース・ドレインには比較的高濃度の不純物を注入しますので、高電流型のイオン注入装置を用います。その後、不要になったレジストをアッシングで除去します。

ソース・ドレイン形成（その2）－pチャネルトランジスタ形成－ （図表9-6-2）

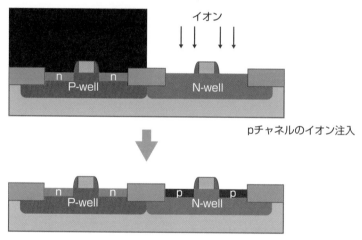

pチャネルのイオン注入

pチャネル形成その後、
活性化アニール

その後、図表9-6-2に示すように今度は逆にpウェル領域の上をリソグラフィープロセスによってレジストでカバーし、nウェル領域にp型不純物をイオン注入します。このときにも同様にゲート電極がマスクとなって、自己整合によりソース・ドレインが分離されます。

レジストをアッシングで除去した後に活性化アニールでn型およびp型トランジスタのソース・ドレイン領域ができます。

電極形成（Wプラグ形成）

今まで述べたトランジスタと電気的にコンタクトを取る電極形成プロセスフローについて述べます。先端ロジックではWプラグという方法を取ります。

▶▶ Wプラグとは？

7-1や8-2でLSIの断面図を示した際に言葉としてW**プラグ**が出てきました。タングステンプラグと記す場合もありますが、ここではWプラグと記します。いうまでもないですが、Wはタングステンの元素記号です。この用語は1990年代から使用されるようになりました。後のフローの断面図のようにソース・ドレインとコンタクトを取るWの形状が電源コンセントのプラグのように見えたからと推測します。

▶▶ 実際のフローとは？

図表9-7-1に示すようにエッチングストッパー層と層間絶縁膜をプラズマCVD法（7-5）などで形成します。通常シリコン酸化膜などが用いられます。この層間絶縁膜のことを配線層が形成される前の絶縁膜であることからPMD（Pre Metal Dielectrics）と呼びます（→図表7-1-2）。

その際にゲート電極上部の形状を反映して図に示すように多少凸部が生じますの

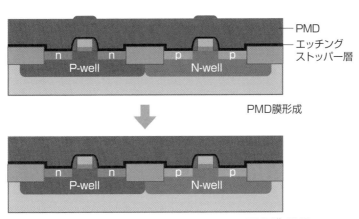

Wプラグ形成（その1）－PMD膜形成－（図表9-7-1）

PMD
エッチングストッパー層

PMD膜形成

PMD膜 CMP

で絶縁膜CMP（第8章）で平坦にします。

　次に図表9-7-2に示すように紙面の都合上一部省略しますが、リソグラフィーで
コンタクトホールのパターンを形成します。ここで注意しなければならないのは微
細なソース・ドレインとコンタクトを取らなければならないし、配線ピッチを最小
にする必要もありますので、リソグラフィープロセスは9-5と同様にクリティカル
レイヤーになるということです。なお、ソース・ドレインとコンタクトを取る穴
（ホール、以降ホールと記す）のことをコンタクトホールと呼びます。

　これをマスクに層間絶縁膜をエッチングし、コンタクトホールを穿（うが）ちます。この

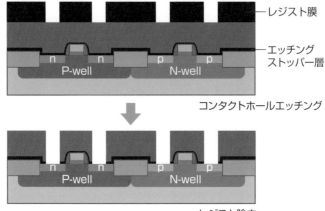

Wプラグ形成その2　－コンタクトホール形成－（図表9-7-2）

レジスト膜

エッチング
ストッパー層

P-well　　N-well

コンタクトホールエッチング

P-well　　N-well

レジスト除去

エッチングも微細なコンタクトホールを下地と選択比を取ってエッチングするた
め、最新のエッチング装置が用いられます。そのためのエッチングストッパー層と
言えます。その後、不要になったレジストをアッシングで除去します。

　次に図表9-7-3に示すようにコンタクトホール内にTiN/Tiなどのグルーレイ
ヤー（glue layer）とブランケットW膜を形成します。なお、グルーとは膠（にかわ）
のことで層間絶縁膜とWの密着を良くするためのものです。このグルーレイヤーは
スパッタリング法（7-6）で、ブランケットW膜は減圧CVD法（7-5）などで形成す
るのが一般的です。

　このような連続膜を形成するのに便利なクラスターツールという装置がありま

す。拙著で恐縮ですが、同じシリーズの"図解入門よくわかる最新半導体製造装置の基本と仕組み第3版"の8-5などをご興味があれば参考にしてください。

　最後に図表9-7-3に示すようにPMD上の余分なW膜やグルーレイヤーをCMPプロセスで除去することでWプラグができます。

　なお、講演などでよく質問される点についてふれておきます。なるほど、ソース・

Wプラグ形成その3　－WプラグCMP－（図表9-7-3）

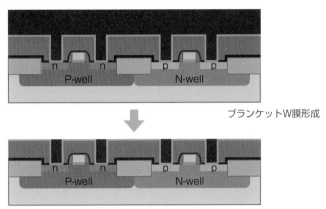

ブランケットW膜形成

ブランケットW CMP

ドレインへの電極のコンタクトホールの形成は理解できたが、ゲート電極への導通ホールはどうしているのかということです。

　もっともな疑問です。答えは"そのホールはここに示した断面図のもっと奥行側に形成"されています。もちろん、ソース・ドレインとコンタクトを取るホール形成時に同時に形成されています。

▶▶ 循環型と呼ぶ所以

　以上、ここまで説明してきたようにフロントエンドプロセスのフローを見ても第3章から第8章で触れた各要素プロセスが何度も登場することがおわかりいただけたと思います。これが第1章で述べたように前工程のプロセスが循環型のプロセスと考えるとよいという所以です。

第9章　CMOSプロセスフロー

9-8

バックエンドプロセス

CPU＊とかMPU＊とかいわゆるプログラムの命令を実行するCMOSのLSIはロジックといわれ、先端のロジックは配線層が10層以上にものぼります。ここではその必要性を説明し、そのバックエンドと呼ばれるプロセスフローに触れます。

▶▶ 何ゆえ多層配線か？

今までCMOS構造を作るフロントエンドプロセスのフローを順番に説明しました。

ここではバックエンドのフローを述べます。ただ、同じプロセスフローが続くので代表的なものを説明します。まずは、何ゆえ多層配線かということですが、先端ロジックLSIでは、既に回路の検証の済んだIP＊を組み合わせて、ロジックLSIの設計が行われます。新しい回路の検証には膨大な時間がかかるからです。そのために色々な回路ブロックを配線でつないで、LSIとして完成させます。

これをビルディングブロック方式といい、そのデータベースをライブラリーと呼んで重宝します。このように回路が必然的に階層構造になり、多層配線が必要ということになると考えますとわかりやすいかなと思います。

実際、この多層配線のプロセス、即ちバックエンドプロセスは全工程の約7割を占めるともいわれています。当然ながら、コストに効いてきますし、配線がそれだけ多ければ消費電力にも効いてきます。

▶▶ 多層配線の実際

これをプロセスの順番で述べますと、いちばん下のローカル配線、インターミディエート配線、セミグローバル配線、グローバル配線と階層が上がってゆきます。

第7章の成膜のところで述べた配線遅延＊の問題から、銅配線が用いられていますが、すべて銅配線というわけではなく、セミグローバル配線やグローバル配線はアルミ配線を用いている場合もあります。

また、第10章で述べるワイヤーボンディングの際は、従来のアルミニウムパッドが用いられますので、最終配線層はアルミニウムになります。

＊CPU 　　Central Processing Unit（中央演算子）の略。
＊MPU 　　Micro Processing Unitの略。CPUと同じもの考えよい。
＊IP 　　　Intellectual Propertyの略ですが、ここでは広く知的財産権と考えてください。
＊配線遅延 　7-10を参考にしてください。

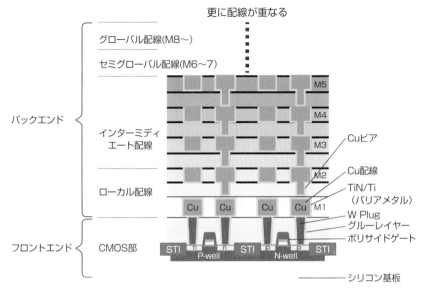

多層配線の模式的な図（図表 9-8-1）

更に配線が重なる

グローバル配線(M8～)

セミグローバル配線(M6～7)

バックエンド

インターミディ
エート配線

ローカル配線

M5

M4

M3

M2

Cuビア

Cu配線

TiN/Ti
（バリアメタル）

Cu　Cu　　　Cu　Cu　M1

W Plug
グルーレイヤー
ポリサイドゲート

フロントエンド　CMOS部

STI　n　n　STI　P　P　STI
P-well　　　N-well

シリコン基板

注）厚い上層配線を描くと下の部分が見えにくくなるので省略した

　以上述べた多層配線構造を図表9-8-1に模式的に示します。これは図表1-4-1に配線の階層名を書き加えたものです。

　これらの多層配線構造は、第7章や第8章で触れたようにCu配線で、いわゆるCuデュアルダマシンプロセスで作製されます。Cuデュアルダマシンプロセス（Dual Damascene Process）はCuメッキとCMPを使ってCuのプラグと配線を同時に作製するプロセスのことです。

　フローの図を図表9-8-2に再度示します。なお、第1のCu配線はシングルダマシン技術で形成されています。7-6や7-7を参照してください。プロセスフローは先行する形で8-6の中で説明しておりますので、ここでは省略します。もう一度見てフロントエンドプロセスのフローの後にどうつながるか見ておいてください。

第9章　CMOSプロセスフロー

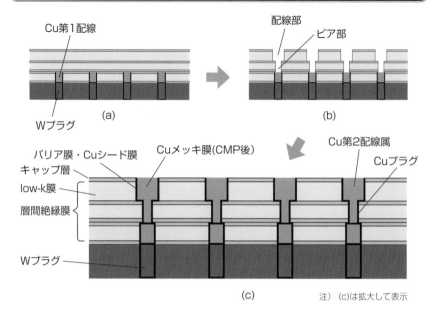

バックエンドのプロセスフロー Cuデュアルダマシンプロセス（ビア・ファーストの例）（図表9-8-2）

注）(c)は拡大して表示

　繰り返しになりますが、上図でCu第1配線は7-6と7-7で述べたシングルダマシンプロセスを用いて形成します。その上層のCuプラグと第2配線層は図表9-8-2に示すように同時に開孔し同時にCuでメッキし不要部分をCu　CMPで除去します。このように同時にプラグと配線を形成するのでデュアルダマシンプロセスと呼びます。これより上層の配線も同じようにこのデュアルダマシンプロセスを用いて形成され、前頁の図表9-8-1のような構造になります。

　今まで述べたようにバックエンドのプロセスは成膜、リソグラフィー、エッチング、成膜、CMP、当然その間の洗浄など、イオン注入・熱処理以外のプロセスを繰り返して配線の層を重ねていくことがわかると思います。改めて前工程は循環型のプロセスということが理解できると思います。

後工程プロセスの
概要

この章では後工程のプロセスをプロセスフローに従って、プロービングから最終検査まで個々に触れてゆきます。後工程は対象がシリコンウェーハだけではないので、前工程とはまったく違うプロセスになります。

10-1

不良品を除くプロービング

注意深く前工程プロセスを重ねても、結果的にウェーハ上にできたチップには不良品もあります。それを除くのがプロービングです。

▶▶ 不良品をはねる意味は？

ウェーハ上にLSIを多数形成する、いわゆる前工程が終わったウェーハはいよいよ後工程に入ります。チップサイズの縮小は1枚のウェーハから取れるチップ数の増大を意味します。たくさんのチップが1枚のウェーハから取れるということはそれだけチップのコストダウンにつながります。しかし、不良品を後工程に投入しても何の付加価値ももたらしません。そこで前工程の終了した各チップを良品か不良品かを判定しておく必要があります。つまり、後工程に入るチップにパスポートを与える役割を果たしているわけです。これを**KGD**＊といいます。もちろん不良品には印をつけておきます（図表10-4-1を参照）。

▶▶ プロービングとは？

プロービングとは英語のプローブ（probe：探る、探査をする）から来た言葉です。電気を流すことができる針がたくさん付いた**プローブカード**というものを使用して、**プローバー**と呼ばれる装置を用いて行います。プローブカードは図表10-1-1に模式的に示しておきますが、それぞれのLSIチップに専用のプローブカードが必要であり、プローブカード専門メーカに依頼して作製してもらいます。LSIチップにはパッド＊といって、針を立てる場所があります。LSIによって、その数も場所も異なりますので、専用のプローブカードが要るわけです。

理論収率という言葉を説明しておきます。略して理収ともいいます。これは一枚のチップから何個のチップが取れるかという意味です。図表10-1-2に模式的に示したようにウェーハは丸いのに対し、チップは角形ですので、どうしても無駄になる面積があります。そのため、チップを作製するエリアがいちばん広くなるように計算されています。

ウェーハの面積が一定ならチップ面積が小さいほど、数が取れます。微細化の意

＊**KGD**　Known Good Dieの略。ダイについては198頁の脚注を参照のこと。
＊**パッド**　Pad。針を立てる端子のこと。針が立つ広い面積を有し、チップ周辺に配置されている。

味はここにもあるわけです。

それと**エッヂエクスクルージョン***という定義も重要になります。それはプロセスでウェーハエッヂ何mmが保証できないかということであり、半導体メーカはこのエッヂエクスクルージョンを如何に小さくするかが重要になります。

実際にはウェーハエッヂから数mmは保証されないので、それに該当する分のチップは使用できません。これがエッヂエクスクルージョンを低減させる必要性になります。

プローブカード（図表 10-1-1）

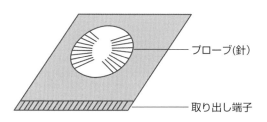

プローブ(針)

取り出し端子

模式的に示したウェーハにおけるチップの配列（図表 10-1-2）

ウェーハエッヂ

スペース

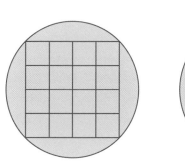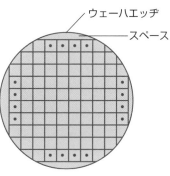

　右の図は左の図のチップを1/4に縮小したもの。チップは4倍以上の数が取れることがわかると思います。左側が16個に対して、右側は外周から4個×4列（図の・の部分が4×4=16）取れるので64+16=80個取れます。

　図はわかりやすくするために単純化して描いています。実際にはいちばん多く取れるよう配列を計算します。

***エッヂエクスクルージョン**　図表1-9-1のパターン付きウェーハの写真のウェーハ周辺部分である。

第10章 後工程プロセスの概要

ウェーハを薄くする
バックグラインド

チップをパッケージに収納するには前工程で流していたウェーハの厚さは不必要なので、所定の厚さまでウェーハの裏面から削って薄くします。それがバックグラインドです。

▶▶ 薄くする意味は？

ウェーハの厚さは第1章でも触れましたが、300mmウェーハで775μm、200mmウェーハで725μmです。実際にパッケージに収納するには、これでは厚すぎます。前工程でウェーハをプロセス装置で処理したり、装置内、装置間を搬送する際にはそれなりの機械的な強度やウェーハの反りなどの外形的仕様を満たすために上記のような厚みが必要ですが、パッケージ内に収納するには薄い方が有利なので、100～200μmくらいに薄くします。これが**バックグラインド**プロセスです。

▶▶ バックグランドのプロセスとは？

バックグラインドのプロセスは第8章で述べたCMPと似ていますが、実際はCMPとは異なり、シリコンウェーハを数分の一に薄くするわけですから、"研磨する"というより"削る"というイメージです。実際には図表10-2-1に示すようにダイヤモンド砥粒を含んだ平面砥石ホイールを毎分5000回転程度で研削して薄くします。

とはいえ、いきなり削るわけにはいきません。表面には大事なLSIチップが形成されているわけですから、まず表面を保護してやる必要があります。バックグラインドのプロセスフローを図表10-2-2に示します。ウェーハ表面に紫外線硬化型の接着剤を用いて、保護テープを均一にローラなどで貼付けます。保護テープの材料はPET＊かポリオレフィンを用います。その後、保護面を真空でチャックテーブルに保持します。これを約5000回転／秒で回転する**研削ホイール**部を通過させながら、裏面を粗く研削します。更に砥石の番手を変えて、仕上げ研削を行います。その後、ダメージ層が1μmほど残りますので、これを除去します。最近は薬液処理に代わ

＊PET　ポリエチレンテレフタレートの略。日本語ではペットと呼ばれており、ペットボトルの材料として使用されている。

り、ドライポリッシュを用いることもあります。その後、ウェーハ裏面に今度はダイシング用テープを貼り付けた後、紫外線照射などで接着剤を硬化させ剥離します。

バックグラインドの実際の模式図（図表10-2-1）

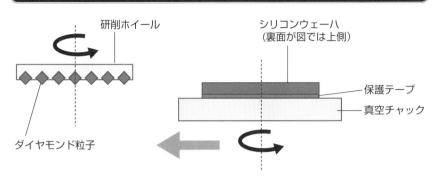

研削ホイール

シリコンウェーハ
（裏面が図では上側）

ダイヤモンド粒子

保護テープ

真空チャック

注）実際の装置では複数の研削ホイールが用意され、粗研削→仕上げ研削のフローで行われる。

バックグラインドのフロー（図表10-2-2）

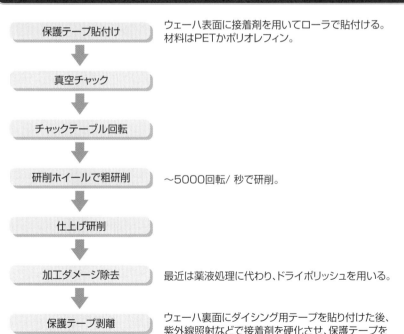

保護テープ貼付け

ウェーハ表面に接着剤を用いてローラで貼付ける。
材料はPETかポリオレフィン。

真空チャック

チャックテーブル回転

研削ホイールで粗研削

～5000回転/秒で研削。

仕上げ研削

加工ダメージ除去

最近は薬液処理に代わり、ドライポリッシュを用いる。

保護テープ剥離

ウェーハ裏面にダイシング用テープを貼り付けた後、
紫外線照射などで接着剤を硬化させ、保護テープを
剥離する。

チップに切り出すダイシング

チップをパッケージに収納するためにダイシングソーと呼ばれる専用のカッターで
ウェーハをチップ状に切り出します。それがダイシングです。

▶▶ ウェーハはどう切断する？

　ウェーハをバックグラインドで薄くした後に、前節に述べたようにダイシング用
テープ*と呼ばれる接着性のあるテープ（以下、テープと記す場合もあります）に貼
り付けます。これはダイシングした後に**チップ***がばらばらになるとまずいので、そ
の対策のためです。

　ウェーハはブレード（厚さは20～50μm）という硬質の材料にダイヤモンド粒
子が付着したものを使用して、切断します。ダイヤモンドブレードは毎秒数万回転
してウェーハを切断してゆきますので、摩擦熱が発生します。従って、常に純水を高
圧で噴射させながら、ダイシングを行います。この純水は同時にシリコンの切りく
ずを除去する役割も果たしています。また、純水をかけることによる**静電破壊***の
問題があるので、純水の中に炭酸ガスを混合させるのが一般的です。図表 10-3-1
にその様子を示しておきます。この図では省略していますが、ウェーハは専用のフ
レームを介して、テープと接着（図表10-4-1参照）されています。

　ウェーハは図10-3-1を例にしますと、図の横方向のダイシングが終了した後、
今度はウェーハを90°回転させ、図の縦方向をダイシングする方式で行われます。
最終的には図中のダイ（チップ）のように矩形の形状になります。

▶▶ ハーフカットとフルカット

　食材ではありませんが、ウェーハもすべて切断するフルカットと途中まで切断す
るハーフカットがあります。ハーフカットは板チョコに溝を付けて、その溝に従って
後で割るというイメージです。現状は、工程数が少なくなり、品質管理上も有利な
フルカットが主流です。フルカットしたら、チップがばらばらになるとご心配になる

---

*ダイシング用テープ　キャリアテープと呼ばれる場合もある。このまま次工程に運ばれるためと思われる。
*チップ　　　　　　　以前はペレット（Pellet）と呼ぶこともあった。古い本や文献にはペレットと書いてある場合もある。
*静電破壊　　　　　　純水は不純物をごく微量しか含まないので、比抵抗値が大きくなる。そのためにウェーハ表面の
　　　　　　　　　　　絶縁保護膜と接触した場合に静電気が発生し、その影響でチップ上の回路が破壊されることを
　　　　　　　　　　　いう。

かもしれませんが、前述のように、実際はダイシング前にウェーハにテープを張ることで防止しています。もちろん、テープは切り離しません。テープ材料としては塩化ビニル系や伸縮性にすぐれたポリオレフィン系の材料が用いられています。ウェーハとこのテープの貼り付けは接着剤を用いて行います。図表10-3-2にはフルカットとハーフカットの違いを示します。

ダイシングの模式図（図表10-3-1）

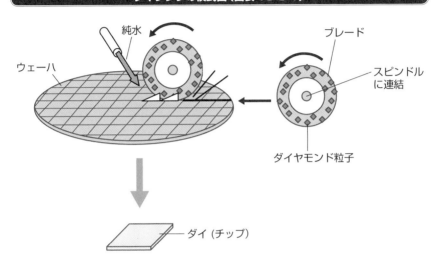

フルカットとハーフカット（図表10-3-2）

(a) フルカット

(b) ハーフカット

ダイ

テープ

・テープへの切れ込み有り
・加工時間は長くなるが、ダイにブレークする工程が無いので、シリコン屑が出ない。

・テープへの切れ込み無し
・加工時間は短くなるが、ブレーク工程時にシリコン屑が出る。

10-4

チップを貼り付ける
ダイボンディング

切り出したチップをパッケージに収納するために基板に貼り付けるのがダイボンディングです。電気的な接触も取るケースがあります。後工程ではチップのことをダイシングが終了した後はダイ*と呼ぶことがあります。

▶▶ ダイボンディングとは？

ダイシングが完了したウェーハの中から良品チップのみを選択し、パッケージ用の台座（ダイパッドと呼びます）に乗せてから、接着剤などで固定します。これを**ダイボンディング**といいます。各チップはキャリアテープに付着したままなので、バラバラにならずに搬送できます。もちろん、不良品のチップは最終的に破棄されます。まず、良品チップを下からニードルで突き上げます。浮いたところを真空チャックで捕捉してリードフレームのダイパッド部上に搬送します。その流れを図表10-4-1に示しておきます。

▶▶ ダイボンディングの方法

ここでは接着剤を使用する方法で説明します。まず、接着剤をパッケージ用のダイパッドに点状に塗布します。ダイボンディングにはふたつの方法があります。ひとつは**共晶合金結合法**ともうひとつは**樹脂接着法**です。共晶合金結合法はダイをパッケージのメタルリードフレームやセラミック基板に固着させるときに用います。400℃程度に加熱したプレート上で、ダイの裏面とリードフレームの金メッキを圧着させます。このとき、ダイのシリコンとリードフレームの金メッキの金がSi-Au共晶合金を形成するので、この名があります。酸化を防止するために、窒素雰囲気下で行われます。後者は色々な種類のパッケージ基板に固着させるときに使用されるもので図表10-4-2にそのフローを示します。エポキシ樹脂ベースのAgペーストを接着剤として用い、常温から250℃程度の温度内で加熱して、コレットで真空チャックして、スクラブ（擦り合わせ）と加圧でダイを接着させます。一般的な後工程では現状主流になっています。

---

*ダイ　英語ではdie、複数形がdice。さいころのこと。日本語にもダイスという言葉が入っている。成型でダイキャストという場合もあるが、同じ語源。チップのことをペレットといったり、ダイといったりするのは長年の習慣によるものと考えられる。

ダイボンディングまでの流れ（図表 10-4-1）

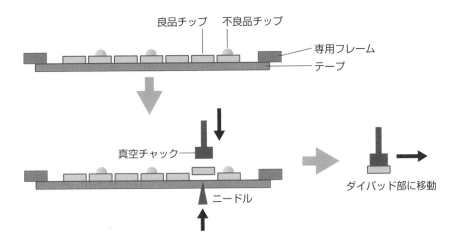

良品チップ
不良品チップ
専用フレーム
テープ
真空チャック
ダイパッド部に移動
ニードル

ダイボンディングの方法（樹脂接着法）（図表 10-4-2）

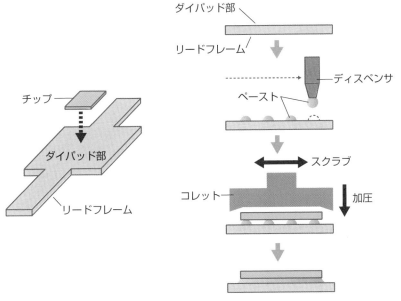

ダイパッド部
リードフレーム
チップ
ダイパッド部
リードフレーム
ディスペンサ
ペースト
スクラブ
コレット
加圧

注）樹脂接着法の例

電気的につなぐワイヤボンディング

LSIのパッケージからまるで百足（むかで）の足のように端子が出ているのを見たことがあるかと思います。この端子とチップ上のLSIの端子をワイヤでつなぐのがワイヤボンディングです。このワイヤは金線で形成され電気を通します。

▶▶ リードフレームとの接続

金（Au）を用いるのは、配線として金は安定で信頼性が高いからです。チップ上の端子をボンディングパッドと呼びます。一方、リードフレームのチップ側をインナーフレームと呼びます。ワイヤは自動化されたワイヤボンダーという装置を用いて、1秒間に数本から10本のワイヤがボンディングされます。よくテレビなどで半導体工場の映像として流れる場合がありますので、見たことがある方がおられると思います。昔は人間が1本1本**ワイヤボンディング**していた時代がありました。従って、後工程は労働集約型の産業になり、低賃金の東南アジアなどに進出していったという歴史があります。ワイヤボンディングされたチップとリードフレームの断面図を図表10-5-1に示しておきます。金ワイヤはLSIでは最小15μmほどの太さで、金の純度は99.99％と高いものを用います。

▶▶ ワイヤボンディングのメカニズム

図表10-5-2にワイヤボンディングのメカニズムを示します。**キャピラリ**と呼ばれる部分の先端に**金（Au）ワイヤ**を引き出してきて、そこに電気トーチを近付けて、スパークを発生させることで先端の金を球状にします（a図）。これをボンディングパッド（Al）に押し付けて、熱圧着します（b図）。このとき、超音波のエネルギーを併用して200〜250℃の温度で行う**UNTC*方式**が主流です。その後、キャピラリが所定の軌道で移動し、金ワイヤを伸ばします（c図）。

その後、リード部にキャピラリを移動させ、ボンディングを行います。リード部にはAgなどがメッキされています。その後、また、キャピラリが別のボンディングパッドの場所に移動し、キャピラリの先端に金ワイヤを引き出してきて、そこに電

---

*UNTC　Ultra-sonic Nail-head Thermo Compressionの略。NTCはふたつの金属を、融点以下の温度で加熱（Thermo）、加圧（Compression）することにより接合すること。Nail-headは金線ボールが圧着されたとき釘の頭（Nail-head）になることによる。超音波を使用するのでUNTCと呼ぶ。

気トーチを近付けて、スパークを発生させることで先端の金を球状にすることを繰り返します。これを1秒間に数本くらいのスピードで行うことができる専用のワイヤボンダーという装置で行います。もちろん、LSIの生産量が多い後工程ファブほど、このワイヤボンダーも多いということになります。

ワイヤボンディングされたチップとリードフレームの図（図表10-5-1）

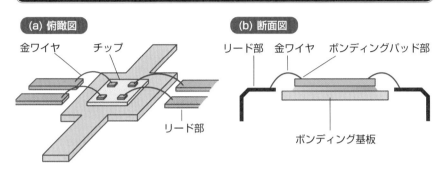

(a) 俯瞰図

金ワイヤ　チップ　リード部

(b) 断面図

リード部　金ワイヤ　ボンディングパッド部

ボンディング基板

ワイヤボンディングのフロー図（図表10-5-2）

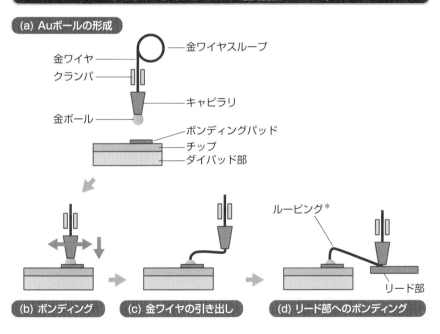

(a) Auボールの形成

金ワイヤ　金ワイヤスループ
クランパ
キャピラリ
金ボール
ボンディングパッド
チップ
ダイパッド部

ルーピング*
リード部

(b) ボンディング　　**(c) 金ワイヤの引き出し**　　**(d) リード部へのボンディング**

＊**ルーピング**　次節のモールディングで樹脂封入する際に、衝撃を低減するためにワイヤに曲線部を持たせること。

10-6

チップを収納するモールディング

　LSIチップのダイボンディングとワイヤボンディングが終わったら、今度はパッケージのためのモールディングを行います。チップを餡子（あんこ）としますと鯛焼きの皮を付けるようなものです。金型で上下から挟み、成型するところも似ています。

▶▶ モールディングプロセスの流れ

　ここではリードフレーム型の**モールディング**について述べます。リードフレームのないパッケージも増えていますので、それについては第11章で触れます。まず、モールディングプロセスの流れを図表10-6-1に示します。ワイヤボンディングの終わったチップとリードフレームを搬送して、パッケージの下部金型の上に置きます。そこに金型の上部をかぶせると、上下の金型の空間部（キャビティー）にチップが入るような配置になります。ここで上下の金型に圧力をかけ、充分に金型と密着させます。そこに**エポキシ樹脂**などを流し込んでチップを完全に封入するような形でモールドにするわけです。

　図表10-6-1には説明の便宜上、ひとつのチップに対して、ひとつのモールディングを行う形で描いてありますが、これでは能率が悪いので実際には図表10-6-2に示すようにたくさんのチップを連ねたリードフレームにモールディングする形式になります。

▶▶ 樹脂注入と硬化

　金型は160～180℃ほどに加熱されていています。そこに熱硬化型のエポキシ樹脂をチップとチップの間の金型に形成してあるポット部に投入します。図表10-6-1の左下の図に示すとおり、下部金型の一部が樹脂を投入するポット部になっていると考えてください。これはあくまで一例で他の方法もあります。熱で溶融したエポキシ樹脂をプランジャでライナーからキャビティー部に押し込みます。この方法を**トランスファーモールド方式**といいます。

　温度が下がれば、エポキシ樹脂が硬化します。そこで金型をはずして、更に所定の時間をかけ、硬化させることでモールディングが完成するわけです。

　このモールディングプロセスは前工程とは全く異なる、いかにも後工程といえます。このモールディングプロセスまではチップ（ダイ）が外気に晒されますので、クリーンルームでの作業になります。

モールディングプロセスの流れ（図表 10-6-1）

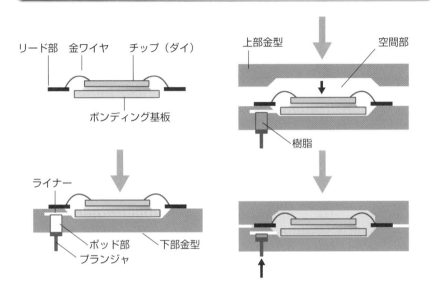

モールディングプロセスの実際（図表 10-6-2）

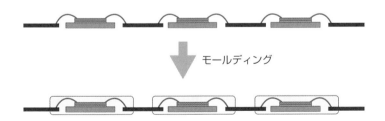

モールディング

LSIチップのモールディングが終わったら、今度は製品として出荷するための製品名やロット番号を入れたりする "マーキング" という工程とLSIのアウターリードの形状を修正する "リードフォーミング" という工程を行います。

▶▶ マーキングとは？

半導体デバイスの製品であるパッケージに会社名や製品名あるいはロット名*を入れる必要があります。これを**マーキング**といいますが、表示方式はインクによる印刷方式とレーザによる印字方式があります。前者は黒地のパッケージに白色のインクでマークされるので見やすい反面、汚れやすい、文字欠けができやすいなどの欠点があります。後者はインク方式に比べ、見にくいという欠点がありますが、パッケージ樹脂を部分溶融して印字しますので、消えにくいため、最近は、このレーザ方式が主流になりつつあります。いずれも専用のマーキング装置を用いて行います。マーキングの例を図表10-7-1に示しておきます。ロット名を入れるのは、市場で不良が出た際の原因究明に役立てるためです。

▶▶ リードフォーミングとは？

リードフレームでパッケージの外に出ている部分をアウターフレームといいます。これを成型することを**リードフォーミング**といいます。もちろん、リードフレームのないパッケージも市場に出ていますので、それについては第11章で説明します。具体的にはリード端子先端を成型機によって、リードフレームから切り離し、リード端子をパッケージの種類に応じた形状に曲げ加工をすることをいいます。実際にはフレーム状態で搬送されたLSI（図表10-6-2を参照してください）が、リードフレームから切り離されるダムバーカット工程、フレームから切り離すトリミング工程、リード端子を成型するリードフォーミング工程の順で連続的に加工されてゆきます。その流れを図表10-7-2に示します。

参考までですが、パッケージのリード端子はプリント配線板に搭載する方式によ

＊**ロット名**　通常、半導体メーカに判るIDを入れておいて、市場で不良品が出たときなどのトレースに用いる。

り、リード端子挿入実装型と表面実装型に分類されます。ここで説明したのは、前者の例です。後者の場合は 10-2 で述べる BGA のようなタイプです。

パッケージへのマーキングの例（図表 10-7-1）

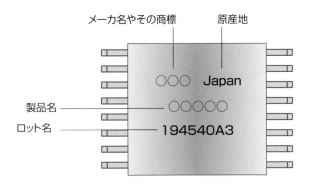

メーカ名やその商標

原産地

○○○　Japan

製品名 ——— ○○○○○

ロット名 ——— 194540A3

リードフォーミングのフロー（図表 10-7-2）

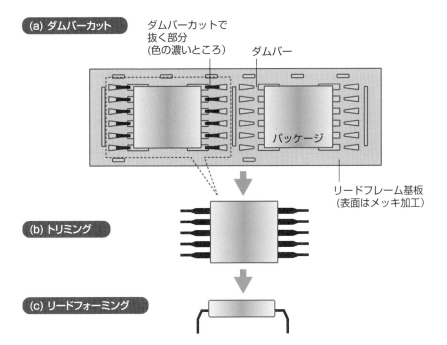

(a) ダムバーカット

ダムバーカットで抜く部分（色の濃いところ）

ダムバー

パッケージ

リードフレーム基板（表面はメッキ加工）

(b) トリミング

(c) リードフォーミング

10-8

最終の検査工程

マーキングとフォーミングという工程を行ったら、いよいよ最終の製品検査を行います。LSIの仕様によって、検査の方法も変わります。

▶▶ 後工程の検査工程とは？

後工程では工程ごとに、外観や特性検査などが行われます。外観検査ではチップやパッケージ、外部端子（アウターフレーム）、マークなどのキズや汚れが目視などで、工程ごとにチェックされます。特性検査はボンディング接続強度やメッキ付着強度などです。不良品はそのつど除かれます。パッケージになった半導体デバイスははじめに外観や寸法の測定を行い、そこで問題のないものだけが電気的に測定されます。それぞれ専用の装置で行われます。

▶▶ バーンイン・システムとは？

半導体デバイスは電子機器や情報家電、生活家電などの民生品や産業機器など色々な市場で使用されますが、長期の**信頼性**が保証されることが不可欠です。信頼性は製品の故障率と時間の関係で表わされ、信頼性工学では**バスタブ型故障率曲線**と呼ばれています。形が米国などで使用されるバスタブ（湯船）に似ていることから名付けられましたが、図表10-8-1にそのモデル図を示します。このモデルは半導体以外の製品でも信頼性テストではよく知られたモデルです。図に示すように初期段階の故障は時間とともに減っていきます。その後は偶発的な故障なので故障率は時間によらず、一定になります。耐用寿命はこの範囲というわけです。その後は磨耗による故障なので増加してゆきます。

ここで問題なのが初期不良です。市場に製品を出してから、初期不良が大量に出ますとカスタマーからの信用を失い、半導体メーカとしての地位があやうくなります。そこで初期不良を早期に発見する方法がバーンイン・システムです。高温・高電圧などでLSIチップを動作させて、初期不良を早期に発見するために行うものです、**バーンイン装置**という高温槽を備えた専用の装置があり、パッケージはバーンイン基板に搭載して行います。通常より厳しい条件下での加速試験と考えるとわか

りやすいと思います。

▶▶ 最終検査

パッケージを高温（100℃）と低温（0℃）で電気的特性を測定し、良品、不良品を選別します。温度は一例です。高温テストと低温テストを行うと理解してください。もちろん、良品のみを出荷することになります。これは専用のバーンイン装置の中で行われ、パッケージになったチップは専用のハンドラでバーンイン基板のソケットに収納されてテストを行います。

なお、半導体製品によって例えばロジック系やメモリ系では負荷の条件が異なるなど検査方法は色々あります。

後工程では前工程のようにシリコンウェーハのみが作業対象ではなく、プロセスが進むにつれ色々な形態を取るので、専用のキャリアや治具が用いられると1-12に記しましたが、ここまで読んできて、よくわかったのではないかと思います。

バスタブ曲線（図表10-8-1）

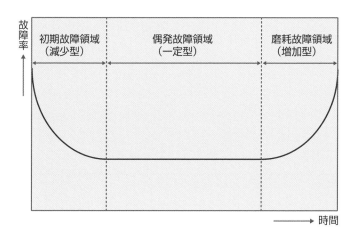

第10章 後工程プロセスの概要

memo

第**11**章

後工程の動向

この章では第 10 章で解説した後工程プロセスのうち、比

較的新しい技術であるワイヤレスボンディングを始め、パッ

ケージ技術の動向を述べます。

11-1

ワイヤなしで接続する
ワイヤレスボンディング

ワイヤボンディングは自動化されているとはいえ、非常に時間のかかる工程です。
材料費も課題ですので、ワイヤなしで接続する技術が注目されています。

▶▶ TABとは？

チップの電極（パッド）とパッケージ基板の接続を金ワイヤを用いずに行う方法
をワイヤレスボンディングといいます。

ワイヤレスボンディングは大きく分けて、ふたつあります。ひとつは**TAB**
(Tape Automated Bonding) で、もうひとつは**FCB**(Flip Chip Bonding) です。
ワイヤボンディングと比較したふたつの方法の違いを図表11-1-1に示します。ま
ず、TABですが、図表11-1-2に示しますようにダイシングされたチップのAlパッ
ド（金バンプ付）とポリイミドテープの開口部に設けられたCuリードに金メッキさ
れたTABリード（インナーリード）をホットバーツールと呼ばれる治具で加熱圧着
します。このTABリードが、ポリイミドテープに規則的に並び、それがリール状に収
納されているのが特徴です。このTABリードは金ワイヤより太いものと考えてくだ
さい。また、図表11-1-2には図示していませんが、基板の電極にも接続を行います。

最近のチップは端子数が増えており、接続面積が増えているため、一括でボン
ディングするには精度を出すのが難しく、1点ごとキャピラリーで接続する方法も
あります。

▶▶ FCBとは？

次にFCBについて説明します。図表11-1-3に示しますようにチップのバンプ取
り付け位置に金（Au）ワイヤボンディング法（10-5参照）を応用して、チップ電極
上に金ボールのバンプを形成します。この**フリップチップ**＊状態のチップをフェイ
スダウンに反転させ、高性能LSI用の多層配線パッケージ基板の電極と位置合わせ
を行った後に加熱処理などで接続します。この方法は金（Au）ボールバンプ形成法
と呼ばれる例です。その後、チップとパッケージ基板の隙間を埋めるように樹脂を

＊**フリップチップ**　チップをフェイスダウンで実装する方法をいう。

流し込みます。これをアンダーフィルといいます。その後、図示はしていませんが、チップ裏面に放熱板を接着し、パッケージ基板の外部端子にはんだボールを取り付けます。

ワイヤレスボンディングの比較（図表 11-1-1）

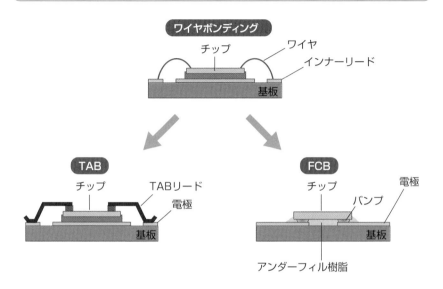

TAB のフロー（図表 11-1-2）

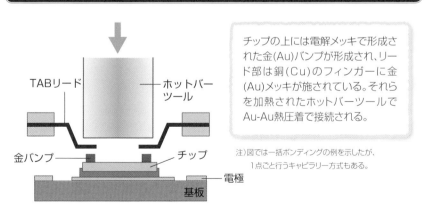

チップの上には電解メッキで形成された金(Au)バンプが形成され、リード部は銅(Cu)のフィンガーに金(Au)メッキが施されている。それらを加熱されたホットバーツールでAu-Au熱圧着で接続される。

注）図では一括ボンディングの例を示したが、
　　1点ごと行うキャピラリー方式もある。

FCBのフロー（図表11-1-3）

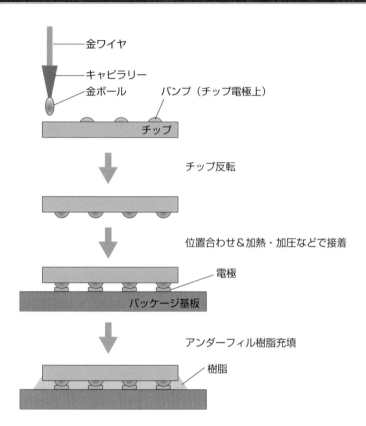

金ワイヤ

キャピラリー

金ボール　　バンプ（チップ電極上）

チップ

チップ反転

位置合わせ&加熱・加圧などで接着

電極

パッケージ基板

アンダーフィル樹脂充填

樹脂

11-2

リードフレーム不要のBGA

LSIチップから出ている百足（むかで）の足のような端子をリードフレームといいます。これを使用しない構造があり、BGA（Ball Grid Array）が代表的です。

▶▶ リードフレームをなくす意味は？

後工程にも前工程と同じように微細化のトレントがあります。LSIの高集積化、高性能化が進み、端子の数はますます増加の傾向にあります。図表11-2-1に**リードフレーム**タイプのパッケージの例を示します。例えば、リードフレームタイプパッケージの最大ピン数としては476ピン端子、ピッチ0.4mmで**QFP**＊が形成されており、これが限界といわれています。ところでリードフレームは金属板をダムバーカットという打ち抜き刃でカットしますが、刃の厚さが0.1mm程度になり、その刃の精度や金型などの精度も限界になりつつあります。

一方、リードフレームの端子も小さくなるほど、曲がりなどの問題が生じ、プリント配線板への実装に支障をきたしています。このような現状下にあって、リード端子が不要のパッケージが求められています。これが**BGA**タイプのパッケージです。リード端子が不要の代わりにパッケージ樹脂基板へのはんだボール付けとパッケージを分離する切断工程が必要になります。本節の最後の文を参考にしてください。図表11-1-3に示したフリップチップボンディングで用いられる方法です。

▶▶ はんだボール付けとは？

フリップチップの接続方式にはAuはんだ、はんだボール、超音波などがあり、Auはんだは狭ピッチ製品、はんだボールは高信頼性製品（カーエレクトロニクス）などに使用されます。Auはんだ、はんだボールにも低コスト化、微細化の要求が強くなっています。

ここでは、はんだボールの形成技術を説明します。使用されるはんだボールは通常の共晶はんだが主流です。図表11-2-2に示すようにはんだボールを入れた槽にパッケージの端子の位置を合わせたはんだボール吸着治具ではんだボールを真空吸着し、あらかじめフラックスを塗布したパッケージ基板の端子の位置にはんだ

＊**QFP** Quad Flat Packageの略。正方形のパッケージの四辺に端子のピンが出ている構造。図表11-2-1に示す。

ボールを搭載する方法で行われています。また、はんだ材料をスクリーン印刷で所定の位置に印刷し、その後加熱リフローではんだボールにするような方法もあります。

　通常、搬送はパッケージ基板のフレーム単位で行い。リードフレーム型パッケージと同様にフレームを収納するキャリアが用いられています。はんだボールの形成後はパッケージの切断を行いますが、個別に行う方法と一括で切断するふたつの方法があります。

リードフレームタイプのパッケージの例（図表11-2-1）

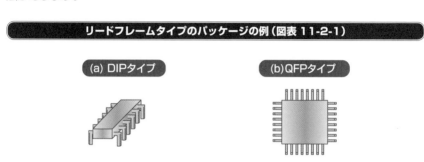

(a) DIPタイプ

(b)QFPタイプ

BGAパッケージのはんだボール付け（図表11-2-2）

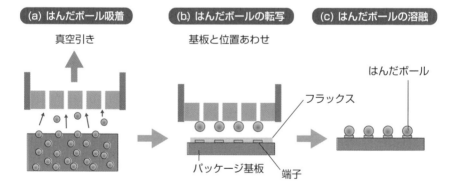

(a) はんだボール吸着

真空引き

(b) はんだボールの転写

基板と位置あわせ

(c) はんだボールの溶融

はんだボール

フラックス

パッケージ基板

端子

11-3

多機能化を目指すSiP

LSIチップ1個でひとつのパッケージというのが通常ですが、色々な機能を持った LSIチップをひとつのパッケージに収めてしまおうというのがSiP（システム・イン・ パッケージ）です。

▶▶ SiPとは？

SiPとはなんとなく、イメージがつかめるかも知れませんが、ひとつの**システム LSI**をワンチップに集積するよりは、スタンドアローンの色々な機能を有するLSI をひとつのパッケージに収納しようという考えです。システムLSIをワンチップに 形成しようとすれば、微細化のためのプロセス装置をそろえなければなりません し、そのための設計も大変です。そこで回路設計でも製造プロセスでも既に検証さ れているチップを組み合わせて、ひとつのパッケージに収納したほうが早いという わけです。例えば、機能の進化の激しい携帯電話用システムLSIではこの考えが取 り入れられています。携帯電話ではアプリケーションの融合（例えば、ワンセグ対応 やネット対応）が必要で、製品サイクルが早いので、手っ取り早くワンパッケージ化 することで対応する考えです。新しくLSIを開発するよりスタック構造でSiP化し たほうが早いというわけです。

携帯電話用ハイエンドのLSIは内製し、ローエンドのものは海外で作るようなこ とも行われています。システムLSIとの比較を模式化して図表11-3-1に示します。

▶▶ パッケージ技術からみたSiP

実際のパッケージの仕方は技術的にはワイヤボンディングによるチップ積層とフ リップチップ実装技術を駆使した三次元化のふたつがあります。図表11-3-2に基 板とチップの接続にワイヤボンディングを用いたタイプと基板どうしの積層にフ リップチップを用いたタイプのパッケージの例を示します。これらのSiPが提供す る新たな"システムソリューション"として期待されます。更にその発展系として、 第12章で述べるTSV（スルー・シリコン・ビア）を用いた三次元実装があります。 こちらの方法はワイヤボンディングを使用しない方法です。

システム LSI と SiP の比較イメージ図（図表 11-3-1）

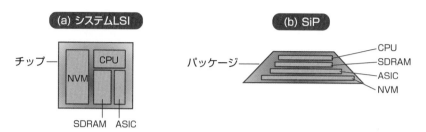

(a) システムLSI

チップ

CPU

NVM

SDRAM　ASIC

(b) SiP

パッケージ

CPU
SDRAM
ASIC
NVM

注）CPU：Central Processing Unit
　　NVM：Non-Volatile Memory
　　SDRAM：Synchronous DRAM
　　ASIC：Application Specific Integrated Circuit

積層チップパッケージ化の例（図表 11-3-2）

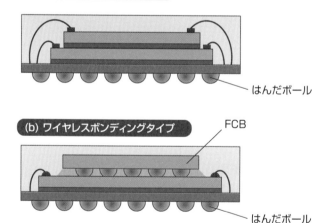

(a) ワイヤボンディングタイプ

はんだボール

(b) ワイヤレスボンディングタイプ

FCB

はんだボール

11-4

リアルチップサイズの
ウェーハレベルパッケージ

LSIチップ1個1個に切り出す前にウェーハの状態でパッケージ化してしまおうというのがウェーハレベルパッケージ（WLP）です。半導体だけでなく、MEMS*などにも応用されています。

▶▶ ウェーハレベルパッケージとは？

ウェーハレベルパッケージとは、ウェーハ状態のまま、再配線を行い、樹脂での封止、はんだボール端子取り付けを先に行い、その後にダイシングによって、チップ（ダイ）にすることで、リアルチップサイズのパッケージを作ることをいいます。パッケージに収納するとどうしてもチップのサイズより大きくなってしまいますが、この技術はほぼチップサイズのパッケージになるのがメリットです。

また、後に示すように一括でチップばかりでなく、パッケージも作るので低コスト化ができます。このパッケージのことを技術的にはフリップチップの技術を応用するので**FBGA**（フリップチップタイプのBGAの意）といいます。できたチップのことを**ウェーハレベルCSP**（チップサイズパッケージ）ともいいます。図表11-4-1に従来のパッケージとの比較を示してみました。

▶▶ ウェーハレベルパッケージのフロー

ウェーハレベルパッケージの工程の流れを図表11-4-2に従って説明します。まず、**再配線***という工程を行います。これはインターポーザーと呼ばれる再配線層の層間絶縁膜を形成し、更にチップと外部端子をつなぐビアと再配線層を形成し、更にバンプ層をその上に形成するためのポスト部（銅（Cu）などを用います）を形成します。その後、樹脂で封止します。更にはんだバンプを形成して、ダイサーでダイシングしてチップにします。図表11-4-3には拡大した図を示しておきます。もちろん、ダイシングの前にウェーハ状態のままでテストも可能です。

---

* **MEMS**　Micro Electro Mechanical System の略。電子デバイスとメカニカルな駆動をするデバイスの融合体で、加速度センサなどが代表例。
* **再配線**　後工程でチップの上に新たに配線層を形成することをいう。

従来のパッケージとの比較（図表 11-4-1）

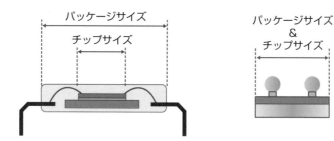

ウェーハレベルパッケージのプロセスフロー（図表 11-4-2）

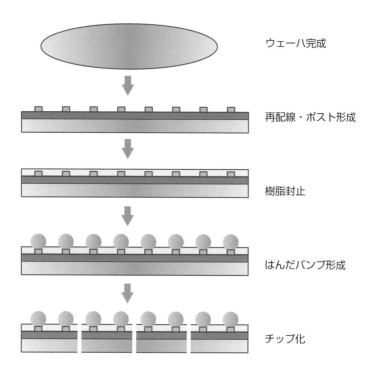

ウェーハ完成

再配線・ポスト形成

樹脂封止

はんだバンプ形成

チップ化

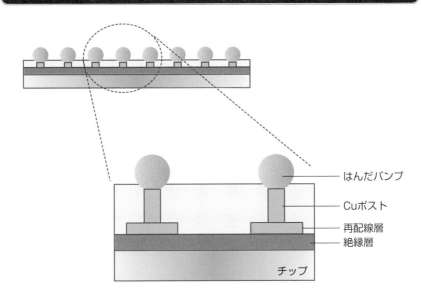

ウェーハレベルパッケージの拡大図（図表11-4-3）

- はんだバンプ
- Cuポスト
- 再配線層
- 絶縁層
- チップ

▶▶ OSATとは　後工程ファブの動向

　最後に後工程ファブの動向について触れます。1-12の最後でも触れたように後工程を外注する半導体メーカが増えました。その傾向のもと後工程を受託するメーカをOSAT（Outsourced Semiconductor Assembly And Test）と呼ぶようになりました。前工程を受託するファンダリーに相当します。OSATは従来型のローエンドパッケージだけでなく、本章で触れた高付加価値のハイエンドパッケージ技術を強化しています。それだけスマホ用をはじとする半導体製品の裾野が広がったためといえるでしょう。一部のファンダリーでは後工程を取り込もうとする動きがあり、ビジネス的にも技術的にも注目される分野となりつつあります。

　我が国でも半導体メーカの後工程部門が統合される形でジェイデバイス＊というOSATが誕生しました。このように後工程部門の統合が進み水平分業が進んでいるのが現状です。

＊ジェイデバイス　現在は米国AmKir社の完全子会社となっている。

memo

第**12**章

半導体プロセスの
最近の動向

この章では今まで述べてきた半導体プロセス全体の最近の
動向について触れ、更に半導体ファブやシリコンウェーハの
450mm 化についての現状にも触れます。微細化一辺倒のモ
ア・ムーア路線からの脱却も見られます。

ロードマップと "オフ" ロードマップ

2-1で触れた半導体プロセスの微細化の道標（みちしるべ）になってきたのが半導体技術ロードマップです。ITRSという国際的な活動団体で進めてきました。また、その対極にあるオフロードマップを簡単に述べます。

▶▶ 半導体技術ロードマップとは？

最近は行政や企業が何かを企画するにしてもロードマップ（カッコして工（行）程表などと記しています）という用語が多用されるようになりました。しかし、半導体技術開発では昔から使用されています。もともと、**ロードマップ**（Roadmap）という用語は道路地図という意味で、特に車社会の米国では遠距離も車で移動することから、自動車用の道路地図という意味で使用されてきたようです。これを半導体技術開発の "道しるべ" という意味で転用したのかもしれません。

これを国際的な活動として、**ITRS**（International Technology Roadmap for Semiconductor）という米国、欧州、日本、韓国、台湾の五極の半導体業界の団体が進めてきました。日本の受け皿は日本電子情報技術産業協会（JEITA：Japan Electronics and Information Technology Industry Association）の下部組織である半導体部会の半導体技術ロードマップ専門員会（**STRJ***）が担っていました。今までの活動はJEITAのHPでご覧ください。現状ではITRSもSTRJも活動を終了しております。今後については後で述べます。

ITRSでは各国の専門家からなる委員が集まって、各分野で議論してロードマップを見直し、奇数年にレポート、偶数年に前年度の見直しということで、Update版を報告しており、ITRSのHP（www.itrs）に掲載されてきました。要は毎年見直しをしているということであり、半導体の微細化の発展の勢い、もしくは半導体産業が如何に競争の激しいものかを物語っていると思います。ITRSの少し前の年代のロードマップの例を図表12-1-1に示します。ITRS2007とITRS2011を比較して、2011年の1メタルハーフピッチ*を比較すると微細化は少しずつ前倒しになってきた経緯があります。上述した半導体の微細化の発展の勢い、半導体産業の

***STRJ**　　Semiconductor Technology Roadmap Committee of Japanの略。半導体部会の委員会としてITRSの日本側の活動を行ってきたが2016年3月に活動を終了した。

***ハーフピッチ**　　巻末の附表参照。

競争の激しさを感じていただければと思います。

▶▶ その歴史は？

　もともと米国半導体工業会（SIA：Semiconductor Industry Association）が業界活動として行ってきたものと理解しています。その当時はNSTR（National Semiconductor Technology Roadmap）ということで92年から活動し始め、97年版まで出ていました。その後、1998年から国際版に格上げされました。これは各国を巻き込んで、ロードマップ作成作業を推進したほうが効果的と判断したのだと思います。米国内でも国際的に推進した方がよいという陣営と国内で進めるべきという陣営で激しい議論があったとも筆者は聞いています。余談で恐縮ですが、筆者はITRSになってからの日本側委員として、2年ほど活動し、米国側の意気込みを肌で感じました。もっとも、このとき米国側で対応してくれたメンバーは国際推進派の方々かもしれません。

ITRS2011より第一配線のハーフピッチ（ロジックの例）（図表12-1-1）

ITRS2007

生産初年度	2007	2008	2009	2010	2011
1メタルハーフピッチ	68nm	59nm	52nm	45nm	40nm

ITRS2011

生産初年度	2011	2012	2013	2014	2015
1メタルハーフピッチ	38nm	32nm	27nm	24nm	21nm

出典:ITRS資料を元に作成

▶▶ 微細化一辺倒からの脱却

　一方でITRSで進めてきた微細化一辺倒のロードマップに関しては、付いていけなくなった半導体メーカが増えてきて、このままの活動で良いのかという懸念はあ

りました。そこで、12-2に述べるようなモア・ザン・ムーアなどの新しい路線も提案されてきました。今後、ロードマップ活動はIEEE＊（アイトリプルイー）の中にIRDS＊という組織を作り、今までの活動も包含した微細化一辺倒でない広い分野のロードマップを作る方向になっています。

▶▶ オフロードマップとは？

　微細化技術であるリソグラフィの最新技術に頼ることなく微細化を行うものを**オフロードマップ**と呼ぶこともあります。最近はあまり使用されない言葉ですが、ここで簡単に説明しておきます。

　第5章で述べたトップダウンのリソグラフィ技術で微細化を実現してきたシリコン半導体ですが、場合によっては現在有している微細加工技術だけで達成不可能なパターニングが必要になりました。その代表的なものが第7および9章でも紹介したセルフアライン（自己整合）プロセスです。半導体製造プロセスではリソグラフィの力を借りずにパターニングを行うプロセスを**自己整合化**または**セルフアライン**（self-align）と呼びます。例えば、図表12-1-2に示すようなサイドウォールを作るようなプロセスはマスクを必要としないセルフアラインによる微細化技術です。なお、7-9で説明したポリシリコンゲートの作製法もセルフアラインの一種です。このようにオフロードマップとは、一般的にセルフアラインプロセスを指すものとして用いられた時期もありました。参考のために記しておきました。

セルフアラインによる微細化（図表 12-1-2）

マスクを用いず、RIEの異方性エッチングの特性を生かす方法。
寸法aに注目すれば、マスクによらずaのサイドウォールを形成したといえ、bに注目すれば、マスクによらずに元の寸法より2aだけ小さいホールが形成できるといえる。
9-5を参照のこと。

＊IEEE　Institute of Electrical and Electronics Engineersの略。米国に本部がある国際的な学会で電気、電子分野の規格化、標準化も行っている。
＊IRDS　International Roadmap for Devices and Systemsの略。活動は上記のとおり。

12-2

岐路に立つ半導体プロセスの微細化

　ナノスケールの微細加工を行う半導体プロセスもそろそろ限界が見えつつあります。ここでは技術論に焦点を絞り、どのような論点があるか述べます。

▶▶ シリコンのスケーリングの限界

　2-1で触れたスケーリング則はシリコン中の電子を古典粒子で扱う物理モデルによって成り立っています。加工寸法、とりわけゲート長がシリコンの原子半径に近くなるに連れ、チャネル中の電子が古典粒子では取り扱えなくなります。量子力学で取り扱うレベルになってくるからです。シリコンの結晶の格子間隔が0.545nmですので、ゲート寸法（チャネル長）が5nm程度では量子力学の範疇に入るといわれています。そこで色々な路線の選択が出てきます。

▶▶ 色々な路線の整理

　一般論として、今まで進めてきた路線の今後を議論する場合、次の3つの方法論に分類されます。

---

①従来の路線を進めて行く方法
②従来の路線の延長を別の展開で探る方法
③従来の路線を超越した道を探る方法

が考えられます。これを半導体技術で考えてみると

　①の方法は従来の微細化一本やりの路線でやれるところまでやることであり、この微細化を進める路線を**モア・ムーア**と呼びます。モア・ムーアのことを**CMOS Extension**と呼ぶ場合があります。②は微細化とは別の路線で半導体の生きる道を探る方法で最近、これを**モア・ザン・ムーア**＊と呼びます。③はシリコンとかCMOSにこだわらないで半導体デバイスの方向性を探るもので、**Beyond CMOS**と呼ぶこともあります。もちろん、上記のCMOS Extensionの対極にあります。こ

＊**モア・ザン・ムーア**　前記のITRSの06年版から登場した。微細化一辺倒のロードマップでは、多くの半導体メーカが参画できないために提案された面がある。最近は"ポスト・ムーア"という言葉があるが、これは①の限界の後という意味合いで用いられる。

れらを図表12-2-1にモデル的に表わしてみました。この章ではモア・ムーアやモア・ザン・ムーアに関しての動向を述べてゆきます。前節で述べたロードマップはマラソンに例えるとペースメーカーのようなもので途中でペースが上がったのが現状かもしれません。モア・ムーアに付いていけなくなったランナーのため、モア・ザン・ムーアが出現していると考えるとわかりやすいと思います。

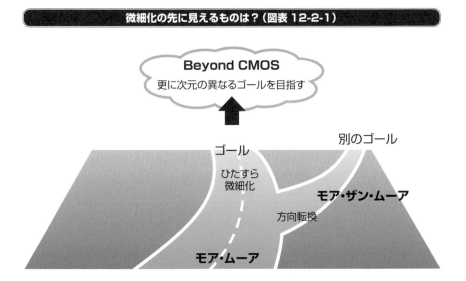

微細化の先に見えるものは？（図表12-2-1）

テクノロジーブースターとは？

　ムーアの法則を推進、すなわち微細化の追求は前記のようにいつかは限界を迎えることになります。一方、LSIには基板であるシリコンウェーハ以外にも色々な材料を使用します。それらの材料もスケーリング則にキャッチアップできなくなりつつあります。従来技術だけではスケーリング則にキャッチアップできないケースが出てきました。そのため、シリコンそのものや配線材料、ゲート絶縁膜材料、層間絶縁膜材料の見直しが必要になり、そのために登場したのが**テクノロジーブースター**です。テクノロジーブースターの概念をロードマップの図に組み込んで描くとすれば、図表12-2-2のようになるかと思います。スケーリング則からのずれを補正してくれる技術（材料も含む）のようなイメージで描いています。7-9のhigh-k膜などもテクノロジーブースターの例といえます。

▶▶ 別の視点で見ると

　発展の一途をたどってきた半導体産業ですが、以前と比較すると成長率も鈍化し、勢いは少し低下しつつあります。微細化・高密度化を追ってきたものの最先端の技術を追える力を有する半導体メーカは世界でも数社となりつつあります。また、半導体ビジネスは垂直統合型から水平分業型に替わり、12-6で述べますが、**ファンドリー**や**ファブレスメーカ**も出現してきました。例えば、ファブレスメーカの代表であるQualcomが半導体売上げ高のトップ5に入るようになりました。また、ファンドリーの代表であるTSMCも同じくトップ5に入っています。一方で1980年代は世界の半分のシェアを誇ったものの、最近は劣勢の我が国の半導体産業ですが、半導体材料やパワー半導体などでは健闘しております。

　半導体産業はIT産業が牽引してきたことは事実ですが、ここに来てIT応用分野もPC、大型FPDからタブレットやスマホに代表されるモバイル機器、および同機器向けの中小型ディスプレイやIoT、5Gなどの新しいコンセプトにシフトしつつあります。また全体を見渡せば、グリーンイノベーションや低炭素社会に象徴されるような環境・エネルギー産業へのシフトも考えられます。このチャンスを好機と捉えることが、我が国半導体産業の再生に必要と考えられます。

テクノロジーブースターの概念（図表 12-2-2）

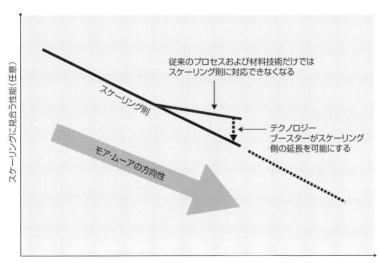

モア・ムーアに必要なNGLは？

モア・ムーア路線で微細化を推進するにはリソグラフィ技術の発展が必須になります。ここではそれらを概観します。

▶▶ 微細化の限界

NGLとはNext Generation Lithographyの略で、リソグラフィ関係の学会などで使用されるようになりました。もちろん、モア・ムーア路線の次世代のリソグラフィ技術の本命は何かということで使用されます。

リソグラフィに代表される微細加工技術は限界に来つつあり、装置の価格も青天井になりつつあります。現実的には微細加工の寸法レベルを、どの辺まで議論の俎上に乗せて、どのようなリソグラフィ技術で達成するかが課題となります。

▶▶ このレベルのレジスト形状は？

少し言い訳めいたことになりますが、半導体のプロセスの本などでは図の便宜上、実際のアスペクトレシオ（縦横比）を無視して描かざるを得ません。しかし、例えば、最先端ロジックでは第一配線にしても厚さの方は減らすわけには行きません。必要な電流が流せるくらいの配線の厚さを確保する必要があるからです。その一方で実際の配線巾の寸法はナノスケールです。したがって、実際の先端シリコン半導体の第一配線などのレジストパターンは図表12-3-1のように高層ビルのような形状になっていることになります。筆者も半導体プロセスの講演などではそれについてのコメントをしてから進めてきました。

▶▶ NGLの候補は？

NGLの有力候補といわれるのは**多重パターニング**技術と**EUV**技術です。以下、多重パターニングの例であるダブルパターニングについて触れます。

ただし、ここまで来るには2000年前後から色々な技術が候補として挙げられました。5-9で触れたF_2レーザーもその1つです。それらの中で生き残ったのが上記の2つ技術といえます。

実際のレジストパターンのイメージ（図表 12-3-1）

(a) 1μm幅　　　　(b) 100nm幅　　(c) 30nm幅

▶▶ ダブルパターーニングの位置付け

　ダブルパターーニングとその位置付けについては5-10で簡単に説明しましたが、ここでもう一度振り返りましょう。

　あくまでダブルパターーニングはEUVまでの "つなぎの技術" という捉え方としばらくはダブルパターーニングという捉え方がありましたが、後述のようにELVの実用化が遅れると更に延命が続くと思われます。この考えはダブルパターーニングのメリットは従来の光リソグラフィの装置が使用できるという点が最大のものといえるでしょう。高価な先端露光装置（1台何十億といわれています）が世代を越えて使用できれば、ますます高額化する先端半導体工場の設備投資を少しでも抑制できるからです。

　しかし、一方ではダブルパターーニング技術はリソグラフィ用製造装置の他に成膜装置やエッチング装置も必要になるとデメリットもあります。

▶▶ 延命化への対応

　上記のような状況下で、ダブルパターーニングの発展形として**Quad**パターーニングも検討されています。図表12-3-2にその例を示します。これらの流れから多重（マルチ）パターーニングという呼び方に変わりつつあります。もちろん、コストアップになるわけですが、新たな設備投資が必要で、まだ実績の少ないEUVよりも良いだろうという考えです。そこで当面多重パターーニングで行くという考えもあるようです。ただ、EUVの完成度が一気に上がれば、また変わるかもしれません。NGLの今後の

動向が注目されます。因みに EUV 露光機は 1 台 100 億円以上という話があります。

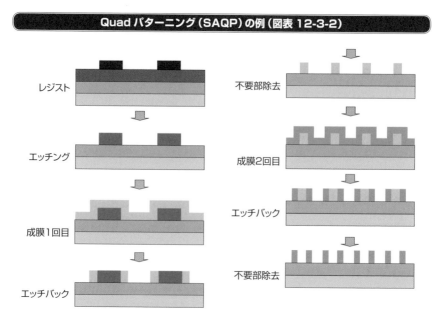

Quad パターニング（SAQP）の例（図表 12-3-2）

レジスト

エッチング

成膜1回目

エッチバック

不要部除去

成膜2回目

エッチバック

不要部除去

図表5-10-2のSADPを2度繰り返す。1回のSADPではパターンピッチが始めの半分になるが、2度繰り返すことにより、1/4になる。SAQPはSelf Aligned Quadruple Pattarningの略。トリプルパターニングと呼ばれるよりはこのSAQPという略称が使用されている。約10nmのライン＆スペースが形成できるといわれているが、工程が多くなるためコストアップになる。これによる微細化のチップコスト低減とマッチングするかが問われている。

▶▶ その他の候補

　ナノインプリント（5-12）というモールドと呼ばれる一種の鋳型を樹脂などに押し付けてパターンを形成する技術があり、装置やプロセスコストを低減できるメリットがあります。ただし、この技術は5-12でも触れましたが、パターン上の制約があり、パターンッドメディアなどへの利用が考えられています。

　また、EUVに代表されるトップダウン技術と対極にある自己組織化技術＊が検討されています。これも装置、プロセスコストを低減できるという観点からの提案といえます。

＊**自己組織化技術**　ボトムアップ技術の分野に入る。具体的にはブロック・コポリマーを使用しその相分離を利用してパターンを形成する。

12-4

EUV技術動向

次にNGLの有力候補といわれるEUV技術の現状と課題について触れます。EUVではリソグラフィプロセスも従来技術とは大きな変革を求められます。

▶▶ EUVの装置上の大きな違い

はじめに第5章ではあまり触れられなかったことについて、まず述べます。

EUVリソグラフィでは真空中での露光になります。この波長領域の光は空気中の成分に吸収されるからです。そこで、真空中に残留する気体により汚染が懸念されます。残留酸素によるマスクの酸化の他にもミラー反射光学系の表面の酸化や炭素によるミラー反射光学系の汚染なども問題になります。このため、実際の露光装置では光源部分と光学系部では真空度も異なり*、差動排気装置などを用いてなるべく分離する工夫などがされています。

▶▶ レジストプロセスは？

レジスト自体は従来のレジストとは異なる材料の使用が考えられています。しかし、EUVの波長領域では物質による吸収が非常に強く、光リソグラフィの時のように比較的厚い単層レジストでは殆ど途中で吸収されてしまい、レジスト底部まで届くことはなくなります。

そこで考えられているのは多層レジストプロセスです。EUVリソグラフィで露光現像するレジストの厚さは薄くして、エッチング耐性は厚いレジストで稼ごうという考えとエッチング耐性のあるハードマスクに転写するという考えです。

図表12-4-1にその例を示してみました。ハードマスクを使用する方法は一度EUVレジストパターンを形成した後にハードマスクをエッチングして、パターンを転写し、下地層をエッチングするものです。二層レジストを用いる方法は一度EUVレジストパターンを形成し、それをマスクに下層の厚いレジストをエッチングして、パターンを転写し、下地層をエッチングするものです。この場合、EUVレジストにはSi含有レジストを使用することが考えられ、下層の厚いレジストをエッチングする際の耐性を確保します。どちらの方法も1回エッチングすることになり、プロセ

---

*真空度も異なり… 光源部は放電などを起こしてEUV光を生成させるために比較的真空度は低い。
*LER Line Edge Roughnessの略でレジストパターンの側面の局部的なギザギザのこと。

スは複雑になります。また、LER＊がコントロールできるかなどが課題になるかと思います。いずれしろ、数十nm以下のレジストパターンを形成するのは露光技術だけではなく、リソグラフィ以外の技術が必要にあるということでしょう。それは多重パターニングも同じです。

EUV レジストプロセスの比較（図表12-4-1）

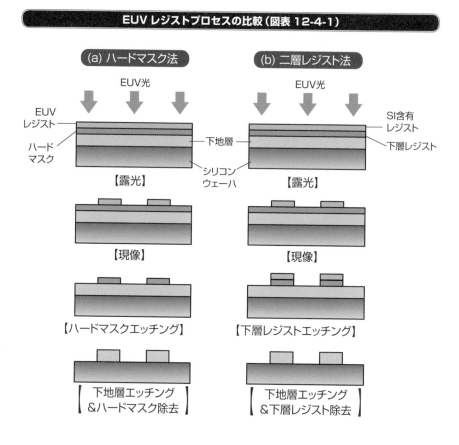

今後の展開は？

研究開発レベルでは13.5nmの半分の波長の6.7nmの検討が提案されました。EUVの場合は反射露光系ですので、NAの改善は期待されないので、更に微細化に備えて短波長化を図るという考えに基づいています。因みに現状の光学系のNAは0.3くらいです。この向上が図れないかも検討されています。これらを勘案して

EUVリソグラフィの解像限界は7〜8nmくらいと最近ではいわれるようになりました。これくらいの寸法ですとシリコン半導体の物理的限界に近くなり、微細加工の終点が見えてきたというところでしょう。

　実用化に向けては更に色々な課題が浮かび上がってきており、とりわけ、光源の問題が色々取りざたされています。量産機には250W位の出力が必要とされていますが、最近はそれを達成する光源も出現してきました。

　なお、量産装置はASMLというオランダの露光機メーカが先行しています。わが国の半導体製造装置メーカはEUV露光装置からは撤退しており、光源メーカが高出力光源の開発に注力しております。

　プロセス上の課題は前述のようにレジストプロセスの改善や無欠陥マスク、ペリクルの実用化などが挙げられます。EUV露光は前述のように反射露光系でマスクは多層の積層マスクであるため、課題も多くなります。ペリクルは透過率の向上が求められています。図表12-4-2にEUVリソグラフィの課題を筆者なりにまとめてみました。これらの課題が解消されてEUVがモアムーアを推進してゆく量産技術になるか注目されます。

EUVプロセスの主な課題（図表12-4-2）

装置側	光源	高出力（250W以上）、安定化光源
	光学系	高NA化、ケミカル汚染防止
	マスク	低コストマスク、マスク欠陥の低減及び検出法
プロセス側	レジスト	新規レジスト材料、低コストレジストプロセス
	マスク	マスク汚染の低減
	ペリクル	ペリクルの透過性、高耐用性
	寸法制御	LERの制御

第12章　半導体プロセスの最近の動向

12-5

450mmウェーハの動向

現在先端半導体ファブで使用されている直径が300mmのシリコンウェーハの次は450mm化が提案されています。ここでは、その現状に触れますが、一時よりトーンダウンし中断している状況です。

▶▶ ウェーハ大口径化の歴史

1-10で述べたようにシリコンウェーハは1.5インチで製品化され、その後、その直径を大きくしてきました。この動きをシリコンウェーハの "**大口径化**" といいます。CZ法のシリコンウェーハでは300mmの次の世代である450mmのシリコンウェーハを開発する動きがありました。以下、その背景と課題の例を紹介します。

▶▶ 450mm化の経緯

ウェーハの大口径化はだいたい10年周期で考えられてきました。微細化によりウェーハからのチップの取り数が増えますが、例えば、メモリでビット単価の年率20～30%のコスト低減を図るには微細化だけでは達成できず、ウェーハの大口径化も必要になるからです。また、ウェーハが大口径化すればチップ画角を大きくすることも可能で、CPUなどの設計の自由度が増えるという背景もあります。

加えて図表12-5-1に示すような半導体業界自体のパラダイムシフトが起っています。300mm化までは半導体産業界全体で考えられてきた問題です。ただ、450mmは必要とするメーカが全世界で数社です。450mm化に向けては2006年にSEMATECH＊が作った450mmコンソーシアムが動き出し、我が国のSUMCOや村田機械、日立ハイテクノロジーズなどの材料、搬送、製造装置メーカも参加しました。その後、2011年に**G450C**というコンソーシアムが米国に作られました。これには世界のトップクラスの半導体メーカ（IBM、インテル、サムスン、TSMC、グローバルファンドリー＊）が加入しているだけです。材料、製造装置メーカは450mm化してもその開発コストを少ないユーザで回収できるのかを、懸

＊ SEMATECH　　　　Semiconductor Manufacturing Technologiesの略。米国で1987年に設立された官民ファンドによる半導体製造技術の共同研究機関。現在は民営である。

＊ グローバルファンドリー　米国のファンドリー専門会社。ファンドリーとしてはTMSCに次ぐ規模。米国半導体大手のAMDから分離した半導体製造部門が中核となり、本社はシリコンバレーのサニーベールにある。実際のファブは世界規模で展開。

念しています。特に製造装置メーカは450mm化に慎重であるという声が多いようです。300mm化の開発コストを回収するのに10年かかったと筆者も製造装置メーカの方から何度も聞かされました。また、主要メーカがすべて450mm化するわけではないので、300mm用装置との両方を開発になる可能性が懸念されます。

　また、半導体製品の視点から見ると全体的にPCからスマホ、タブレットにシフトしつつあり、CPUなどのように画角が大きいと有利であるという必要性も薄れています。それと筆者が考えるには、微細化技術の動向も大きいと思います。300mmの時はArFを光源とする光リソグラフィの短波長化が課題であり（実際には短波長化ではなく、液浸リソグラフィに移行しました）、光リソグラフィの延長でしたが、今回はEUVという従来の光リソグラフィとは異なる新しい技術が量産可能か否かも検討課題だからです。

　数年前のセミコンジャパンなどで450mm化の現状の報告があり、搬送装置やウェーハキャリアの展示がありました。しかしながら、IBMは450nmでの生産は行わないと発表するなど450nm化の動きは中断している状況です。

▶▶ 実際のハードル

　現実的な問題として、ウェーハを例にして、見てゆきましょう。400mmウェーハの引き上げは1990年代の終わりに我が国のシリコンメーカが共同で作ったスーパーシリコン研究所で実績があります。これは当時の300mmウェーハの動きの先取りとして行われたものでした。

　実際に450mm化するとウェーハやそのキャリアの規格や標準化を決める必要があります。また、製造装置や搬送系をすべて変える必要もあり、その標準化の議論が必要です。課題は多すぎて、紹介しきれませんが、ウェーハが大きくなることでのプロセス上のウェーハの課題の例を図表12-5-2に挙げてみました。

　また、装置開発のためのウェーハ（ベアウェーハだけでなく、パターン付きのウェーハなども必要になります）の供給をどうするかなどの問題もあります。300mmの時は国内ではセリート*（selete）がその役目を担いました。また、プロセス開発時のウェーハの断面観察などはどうするのか。450mmのシリコンウェーハを人の手でへき開できるのか、なども課題です。少し泥臭い話ですが、参考までに書いておきました。

*セリート　Selete（Semiconductor Leading Edge Technologies）ともいわれる。日本語では半導体先端テクノロジーズ。当時の日本の大手半導体メーカ10社が設立した300mm化や微細加工技術の共同研究会社。1996年設立。現在は解散。

300mm と 450mm の背景の比較（図表 12-5-1）

ウェーハ	300mm	450mm
半導体メーカ動向	主要メーカの殆どが300mm化の方向	450mm化は世界の数社？
市場動向	PCが主流で画角の大きいチップの必要性有り	スマホ、タブレットに移行画角の大きいチップのニーズ減？
製造装置メーカ動向	300mm化に注力	300mmと450mmの両面開発を懸念
微細化技術動向	光リソグラフィの延長上	EUVという新しい技術はまだ開発途上

プロセス上のウェーハの課題の例（図表 12-5-2）

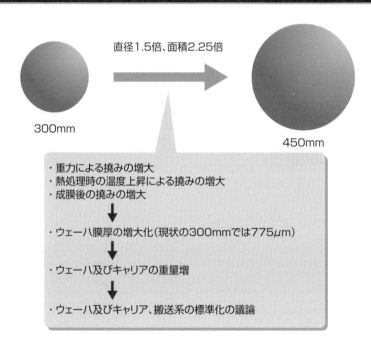

直径1.5倍、面積2.25倍

300mm → 450mm

・重力による撓みの増大
・熱処理時の温度上昇による撓みの増大
・成膜後の撓みの増大

↓

・ウェーハ膜厚の増大化（現状の300mmでは775μm）

↓

・ウェーハ及びキャリアの重量増

↓

・ウェーハ及びキャリア、搬送系の標準化の議論

300mm ウェーハでも FOUP キャリアに 25 枚収容した場合は約 8Kg になる。これは人が持って運ぶような重量ではなく、300mm ではファクトリーオートメーションが前提となる。450mm では更に重量が増すため、早急にインフラ整備が必要となる。なお、FOUP については姉妹書の"図解入門　よくわかる半導体製造装置の基本と仕組み　第 3 版"の第 2 章に記してありますので、興味があれば参考にしてください。

▶▶ シリコンウェーハの世代交代

　誤解する人はいないと思いますが、念のために書いておきます。現行の半導体産業でいちばん多く使われているシリコウェーハは300mmです。しかし、300mmウェーハだけ使用されているわけではありません。200mmウェーハもまだ使用されておりますし、LSIの分野以外では更に口径の小さいウェーハが使用されております。300mmウェーハが量産に使用され始めたのは2002年頃と言われています。その後、約10年かかって2012年頃に前世代の200mmウェーハの出荷枚数を越えました。同じように200mmウェーハが量産に使用され始めたのが1992年頃です。そして、前世代の150mmウェーハの出荷枚数を凌駕したのが、2002年頃です。やはり、10年近くかかっています。それを模式的に図表12-5-3に示しておきました。10年というスパンはウェーハメーカ市場だけでなく、半導体製造装置の市場も半導体市場も300mm化することでそれだけ膨らんでいくのに必要な時間とも考えられます。業界全体で"300mmという風"を起こすことが300mm化に結び付いたと考えられます。このようにウェーハの世代交代には多くの時間とエネルギーが必要です。

ウェーハの世代交代の模式図（図表 12-5-3）

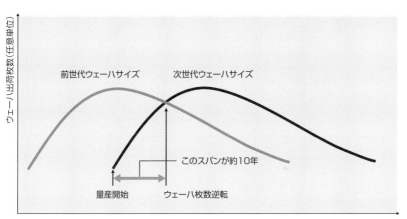

半導体ファブの多様化

現在先端半導体ファブは大量生産型のメガファブが主流です。今後の半導体ファブはどうなるのでしょうか？ここでは前工程のファブについて、その動向などに触れます。

▶▶ メガファブの行き着く先

2-4で前工程のファブの概要を説明しました。前工程のファブには実際の半導体チップを作るクリーンルーム以外にも色々な設備がいることがおわかりいただけたと思います。半導体産業もパラダイムシフトが色々起こる中、ビジネス的な面から前工程のファブには次のような課題があります。

> ①莫大な投資にどう対応するか？
> ②旧ラインの転用をいかに図るか？

従来半導体は垂直統合型と称し、各社で設計から製造までを行うのが普通でした。ところが、微細化の進展に伴い、その投資が莫大なものになり、12-2で触れたように1社で負担するには大きすぎるということで水平分業型に変化しつつあります。その中でQualcommのような工場を持たない**ファブレスメーカ**や製造を受託するTSMCのような**ファンドリー**も出現してきました。これらの会社が世界の半導体メーカのランキングでトップ5やトップ10に入ってくる情勢です。その中で既存の半導体メーカも経営統合やファンドリーの利用、共同ファブの模索などをしています。これらの流れは投資を軽減するという意味で"アセットライト"とか"ファブライト"などと呼ばれる場合もあります。この流れを図表12-6-1にまとめてみました。

旧ラインの転用については外国の半導体メーカへの売却や閉鎖のニュースが昨今伝わるところです。また積極的に、モア・ザン・ムーアの代表格ともいえるパワー半導体などに転用する動きもあります。以下に更に詳しく触れます。

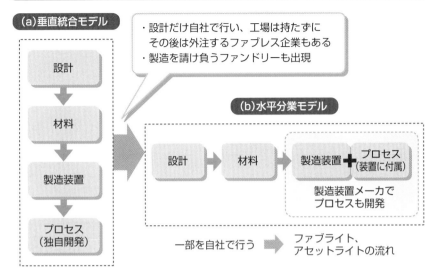

垂直統合モデルと水平分業モデル（図表 12-6-1）

（a）垂直統合モデル

設計 → 材料 → 製造装置 → プロセス（独自開発）

・設計だけ自社で行い、工場は持たずに
　その後は外注するファブレス企業もある
・製造を請け負うファンドリーも出現

全体を自社または企業グループ内で
殆どをまかなう

（b）水平分業モデル

設計 → 材料 → 製造装置 ＋ プロセス（装置に付属）

製造装置メーカで
プロセスも開発

一部を自社で行う ➡ ファブライト、
　　　　　　　　　　アセットライトの流れ

旧ラインのモア・ザン・ムーアへの転用

　ウェーハの方も300mmウェーハがもっとも多く流通するようになりました。我が国の場合は半導体産業自体がその黎明期から総合電機メーカや家電メーカで開発が始まったという長い歴史があり、新興国に比べて、依然として200mmや150mmのファブが多いという背景もあります。半導体の発展期には各社がラインを増設し、その時のウェーハの口径が異なるために同じファブ内でもラインごとにウェーハの口径が異なるということも筆者は体験をしました。装置が故障してもウェーハの口径が異なるために融通が利かないなども問題もあります。

　これらの旧ラインは売却や転用を考えていく必要がありますが、その際、**モア・ザン・ムーア**の方にシフトしていくものひとつの方法です。モア・ザン・ムーアについては12-2で軽く触れましたが、半導体技術を他の製品群に水平展開してゆく面を持っています。どんな候補があるかは図表12-6-2に示しました。図表12-6-1の**垂直統合モデル**＊と**水平展開モデル**の図は基本的には第1章の図表1-12-2と同

＊**垂直統合モデル**　IDM(Integrated Device Manufacturer)と呼ぶ場所にある。対して水平分業型をそれぞれ、その形態でファブレスメーカ、ファンダリー、OSAT（11-4）と呼ぶ。ファブレスメーカは前工程をファンダリーに後工程をOSATに依託している。

じような内容です。ファブ運営やビジネスの視点で見ると半導体ビジネスが大きな変換点を迎えていることは確かなようです。いずれにせよ、我が国に多い200mmや150mmのファブの整理統合、売却、他事業への転回などが喫緊の課題です。

▶▶ 今後のファブの課題

　今回はビジネス的な面から課題を紹介しましたが、今後重要になる環境・エネルギーの面からはその負荷を軽減する視点から

---
①エミッションフリー
②省エネ対策

などが鍵になるかと思います。2-4で触れましたが、半導体製造プロセスでは廃液・廃ガスなどが多く発生します。これらの環境負荷を低減することは重要な課題です。また、半導体ファブは電力を消費します。昨今の電力需要の中でできるだけ省エネを図るのも課題になってきます。

　ここでは紙面の関係上、現行の動向を中心に述べました。半導体ファブの個々の課題は同じシリーズの「よくわかる最新半導体製造装置の基本と仕組み（第3版）」の中で触れていますので、ご興味のある方は参考にしてください。

色々なモア・ザン・ムーア（図表12-6-2）

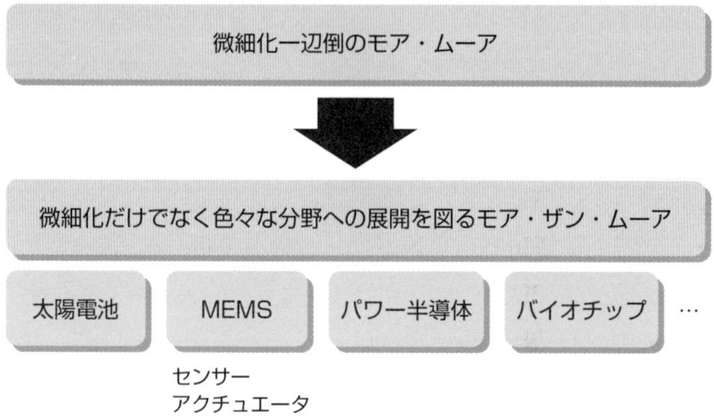

微細化一辺倒のモア・ムーア

↓

微細化だけでなく色々な分野への展開を図るモア・ザン・ムーア

| 太陽電池 | MEMS | パワー半導体 | バイオチップ | … |

センサー
アクチュエータ

12-7

チップを貫通するTSV（スルー・シリコン・ビア）

チップを積層させて高密度化を図ろうという動きがあります。リソグラフィでの微細化の限界が見えつつある現状では、リソグラフィーに頼らない高密度集積技術として注目されています。それにはTSVが欠かせません。

▶▶ ディープトレンチエッチングが必要

TSV（スルー・シリコン・ビア）技術とはチップを貫通させるビアホールを形成する方法です。第6章のエッチングのところで説明しましたが、TSVに欠かせない要素技術が**ディープトレンチエッチング**です。これは普通のエッチングと違い、シリコンウェーハを貫通するくらいの深いホールを掘るエッチング技術です。1980年代DRAMが1Mbitの集積度の頃、キャパシターをトレンチ内に形成して、三次元化することでキャパシターの面積を稼ぐため、トレンチエッチングが実用化されたことがあります。そのときはせいぜい数μmの深さでしたが、TSVの場合はいくらシリコンウェーハの薄化*をしたとしても、数十μmとか百μm程度の深さのエッチングを行わなければなりません。そのためにはビアの側壁をプロテクトする必要があります。エッチングとデポジッションを交互に繰り返すBoschプロセス*やウェーハを低温に冷却して、ラジカルのサイドアタックを抑制する低温エッチングなどの方法が行われています。一方、TSVの直径は10μm以下のレベルが求められています。図表12-7-1にTSVのエッチングの例とその課題を示します。TSV用ディープトレンチエッチングの専用装置も市販されています。

▶▶ 実際のTSVのプロセスフロー

実際のTSVのプロセスフローの例を図表12-7-2に示します。この図でもわかるようにTSVのエッチングはまずは実際のウェーハのままで行います。数十μmに薄化したウェーハではプロセス装置での処理が搬送も含めて難しいからです。図に示すようにTSVを形成した後に周りを絶縁膜でカバーし、その後導電体を埋め込

---

*シリコンウェーハの薄化　　実際のウェーハの厚みは約800μmほどだが、バックグラインド（裏面研削）を行い、数十μmに薄くすることをいう。10-2を参照。

*Bosch（ボッシュ）プロセス　ドイツのBosch社が開発したディープトレンチエッチング技術なので、こう呼ばれている。

みます。これはスクリーン印刷などで導電ペーストを埋め込むことも考えられています。その後、サポート材を貼り付け、ウェーハのバックグラインドを行い、例えば、三次元実装のため、積層化をしてゆきます。ここで示した例はいわゆる"ビア・ファースト"と呼ばれるプロセスです。TSVを後で形成する"ビア・ラスト"という方法もあります。

TSV エッチングの例と課題（図表 12-7-1）

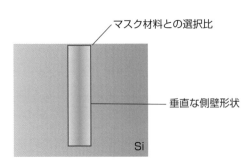

マスク材料との選択比

垂直な側壁形状

Si

TSV プロセスのフローの例（図表 12-7-2）

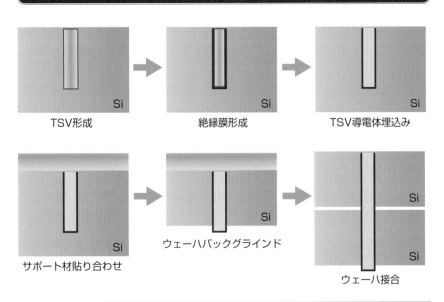

TSV形成

絶縁膜形成

TSV導電体埋込み

サポート材貼り合わせ

ウェーハバックグラインド

ウェーハ接合

12-8

モア・ムーアに対抗の三次元実装

チップを貫通させるTSV（スルー・シリコン・ビア）技術を使用してチップを高密度に三次元的に実装しようという動きがあります。シリコン半導体のブレークスルーになるか注目されています。

▶▶ 三次元実装の流れ

三次元化の意味は図表12-8-1に示すように二次元的な微細化即ちモア・ムーアの限界が見えつつあるところで、**三次元実装**をして高密度化を図るというものです。現状の微細化技術をそのまま使用できる点と図に示したSoC（System on Chip）内全体の配線を短くできるメリットがあります。加えて投資も含めたプロセスコストの低減、初段階での歩留まり安定などのメリットもあります。前項の12-7で示したようなTSV技術を用いた積層化は実際どう行うのでしょうか？

TSVを用いた場合はワイヤボンディングが不要になります。ワイヤレスボンディングで積層化可能になり、図表12-8-2に示すようにフラッシュメモリの三次元化の例があります。一方でTSVを使用しないで三次元積層する方法もあります。11-3で説明したSiPや**PoP**（Package on Package）とかいわれる方法です。前者はひとつのパッケージにいくつかのチップを積層する方法、後者はパッケージごと積層する方法です。前者をマルチチップパッケージ（MCP）と呼ぶこともあります。

▶▶ スケーリング則からみた三次元実装

微細化は加工技術の限界もさることながら、投資する金額も膨大になりつつあります。対して、三次元実装は従来のプロセス技術が使用できるというメリットがあります。それに微細化の場合は設計から始める開発期間がどんどん長期化するという問題もあります。三次元実装では低コスト、短納期で新製品の開発ができるというもうひとつのメリットもあります。加えて、配線長が短くなれば、全体としての省エネ化も図れます。"脱スケーリング則"というべき新しいパラダイムシフトが起こりつつあり、研究開発が盛んになっています。ここで必要になる個別技術はTSV技術の他に図表12-8-3に示したような色々な技術が必要です。例えば、TSV技術に

含まれるかも知れませんが、ビア内の洗浄なども欠かせない技術です。また、ウェーハの接合技術などもウェーハレベルパッケージとは異なる仕様が必要になります。

　微細化路線がいつまで続くか、三次元実装がそれに変わる手段になるのか、色々議論があるところですが、今後の展開に注目しておく必要があります。

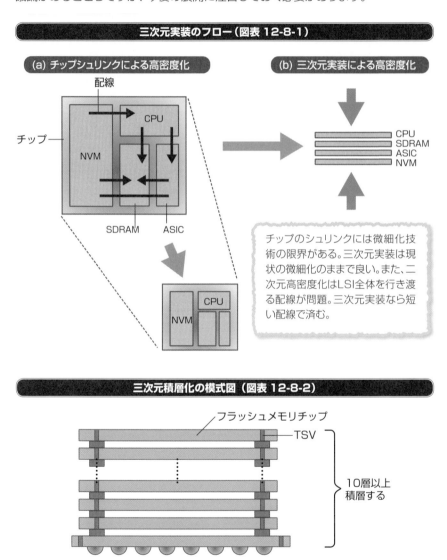

三次元実装のフロー（図表 12-8-1）

(a) チップシュリンクによる高密度化

配線

CPU

チップ

NVM

SDRAM　　ASIC

CPU

NVM

(b) 三次元実装による高密度化

CPU
SDRAM
ASIC
NVM

チップのシュリンクには微細化技術の限界がある。三次元実装は現状の微細化のままで良い。また、二次元高密度化はLSI全体を行き渡る配線が問題。三次元実装なら短い配線で済む。

三次元積層化の模式図（図表 12-8-2）

フラッシュメモリチップ

TSV

10層以上
積層する

三次元実装個別技術の動向（図表 12-8-3）

プロセス	候補	課題など
リソグラフィ	通常露光、非リソプロセス	レジスト選択比、コスト
ビア形成	DRIE、レーザードリル	コスト、スループット
ビア洗浄	ウェット、ドライ	洗浄残り
シール材/シード材形成	CVD,スプレーコート、スパッタ	コスト、信頼性
充填材料	CVD、メッキ、印刷	コスト、信頼性、抵抗値
Si薄片化	グラインド技術	スループット、搬送技術、サポート材フリー化
ウエハ接合	W2W、C2W	コスト、位置合せ

注）DRIE :Deep Reactive Ion Etchingの略でディープトレンチエッチングと同意
W2W:Wafer to Wafer
C2W :Chip to Wafer

チップレットとは？

　最近、よくチップレット（Chiplet）という言葉を聞くと思います。これは、今まで述べてきたようなSoCやフラッシュメモリの積層化をマイクロプロセッサー（MPU）に応用してゆくものです。メモリだけでなくプロセッサーも微細化による高機能化が必要な半導体製品ですが、このままモア・ムーアによる微細化を進める投資が膨大になるのでシングルダイにせず、複数のダイをレゴブロックのように組み合わせ三次元化して目的を達成するものです。メモリのような単機能のチップの積層化に比べて内部配線には難しい技術課題があるようですが、AMDやIntelなどその分野のトップが開発を進めています。これなら投資の抑制に加え初期段階の歩留まりも従来の前工程プロセスを用いるので比較的高いことも期待されます。2-6で触れたように半導体製品は歩留まりの垂直立ち上がりが必要だからです。これもモア・ザン・ムーアのひとつとして考えれば今後の動向に注目が必要です。

　最後にお読みいただきありがとうございます。半導体産業は大きな転換点にさしかかっている現在こそ、大きく飛躍するチャンスと考えられます。本書がほんの少しでも皆様のお役に立てれば幸いです。

ハーフピッチについて

　これは先端半導体デバイスの加工の微細化を表わす目安です。従来、3年で70%の寸法縮小が図られてきました。例えば、1μmの次にサブミクロン、即ち、～0.7μm、次にハーフミクロン、即ち0.5μm、次にサブハーフミクロンで0.35μm、次に0.25μmの世代交代を過去にしてきましたが、これらは0.7倍に縮小されていることがわかるかと思います。当時はゲート電極の寸法に対応していたと思います。また、デザインルールと呼ばれていました。

　しかし、その後の技術の発展に伴い、ロジックではゲートの寸法を無理にでも縮小して、高速化を図ろうとするためにゲート寸法ではチップの微細化全体の目安にならないということで、例えばロジックでは第一配線層のピッチの半分を目安にしようということになりました。これだと規則的な配列になり、チップ全体の微細化の目安になるからという理解です。それがハーフピッチです。ITRSのwebsiteにも書いてありましたが、附図に示すメタルピッチの半分がハーフピッチになります。ロジックの実際のゲート長の値はこのハーフピッチの値とは別になり、それより小さくなっています。

附図　ハーフピッチの定義

メタルピッチ

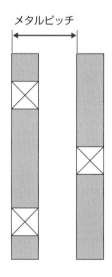

出典：ITRS資料

参考文献

参考にした主な著書は以下のとおりです。

1) "VLSI Technology 2nd Edition", S.M.Sze, McGraw-Hill Book Company
2) "VLSIの薄膜技術"、伊藤隆司、石川元、中村宏　共著、丸善
3) "はじめての半導体リソグラフィ技術"、岡崎信次、鈴木章義、上野功著、工業調査会
4) "はじめての半導体洗浄技術"、小川洋輝、堀池靖浩著、工業調査会
5) "詳説　半導体CMP技術"、土肥俊郎編著、工業調査会
6) "半導体がわかる本"、水野文夫、鷹野致和　共著、オーム社
7) "図解でわかる半導体製造装置"、菊池正典監修、日本実業出版社

以上、感謝申し上げます。この他にも挙げ切れませんが、各種資料を参考に致しましたし、基本的に筆者が現場などで教えて頂いたことや現場で経験した時の知識を元に作成しました。多くの諸先達に感謝致します。

なお、業界動向などは各メディアの報道を参考にしました。行政や各企業のHPの資料も参考にさせていただきました。感謝致します。

著者

　この本での用語の表記は、SEMIの表記以外に慣習上使用されているものも用い
ました。また、半導体の技術は半世紀以上の歴史があり、その間に使用される用語
も変化しました。本文中にも記しましたが、例えばチップのことをダイといったり
ペレットと呼んだりすることなどです。そのため、本文中に可能な限り、別の言い回
しも記入するようにしました。古い本や文献、業界紙などを読む時に参考になれば
と考えた次第です。

著者

索 引

I N D E X

索
引

た行

著者紹介

佐藤淳一（さとう　じゅんいち）

京都大学大学院工学研究科修士課程修了。1978 年、東京電気化学工業（株）（現 TDK）入社。1982 年、ソニー（株）入社。一貫して、半導体や薄膜デバイス・プロセスの研究開発に従事。この間、半導体先端テクノロジーズ（セリート）創立時に出向、長崎大学工学部非常勤講師、業界団体委員などを経験。

テクニカルライターとして活動。応用物理学会員。

著書：「CVD ハンドブック」（分担執筆、朝倉書店）

：「図解入門よくわかる最新半導体製造装置の基本と仕組み［第 3 版］」（秀和システム）

：「図解入門よくわかる最新パワー半導体の基本と仕組み［第 2 版］」（秀和システム）

図解入門よくわかる
最新半導体プロセスの基本と仕組み
［第4版］

| 発行日 | 2020年 9月 5日 | 第1版第1刷 |
| | 2023年 6月20日 | 第1版第5刷 |

著　者　佐藤　淳一

発行者　斉藤　和邦
発行所　株式会社　秀和システム
　　　　〒135-0016
　　　　東京都江東区東陽2-4-2　新宮ビル2F
　　　　Tel 03-6264-3105（販売）Fax 03-6264-3094
印刷所　三松堂印刷株式会社　　　　Printed in Japan

ISBN978-4-7980-6245-7 C3054